mom's recipe

佐藤敦子 著
葉韋利 譯

是媽媽教我成為美食家

洋食

我家的經典菜色

季節料理

異國風味料理

寫在料理之前

在分享我的家庭飲食故事和媽媽的食譜之前，有幾個料理的注意事項要提醒大家，希望大家都能輕鬆下廚，成為享受食物的美食家。

如何製備高湯

每個人、每個家庭對於高湯的作法都不同，以下是我的作法。

1 在1公升的水中加入10至15公克的昆布，放進冰箱靜置一晚，讓昆布的味道滲入水中。

2 將步驟1用很小的火加熱，快要沸騰之前取出昆布。（這個步驟為了將昆布的鮮味完全釋出，慢慢加熱最理想。此外，昆布煮沸後會變得黏稠，記得要在沸騰前取出昆布。）

3 當步驟2沸騰時，關火加入10至15公克柴魚片。

4 用中火加熱步驟3，煮沸後調整成保持沸騰的小火，撈掉雜質浮泡。

5 撈完浮泡之後關火。有時間的話靜置1至2分鐘（讓味道完全釋出），倒在鋪了廚房紙巾的網子上過濾。高湯的關鍵就是香氣，濾出的高湯要盡快用保鮮膜蓋起來，以免香氣散失。

好好準備高湯，是許多料理成功的第一步。

1 昆布放入水中，於冰箱靜置一晚，讓昆布的味道滲入水中。

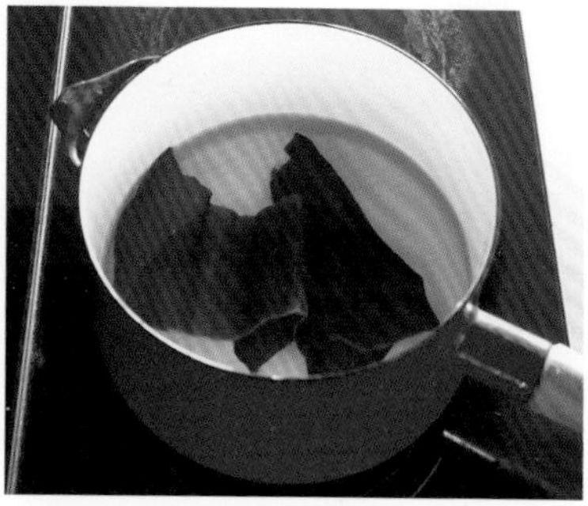

2 用很小的火加熱，為了將昆布的鮮味完全釋出，慢慢加熱最理想。

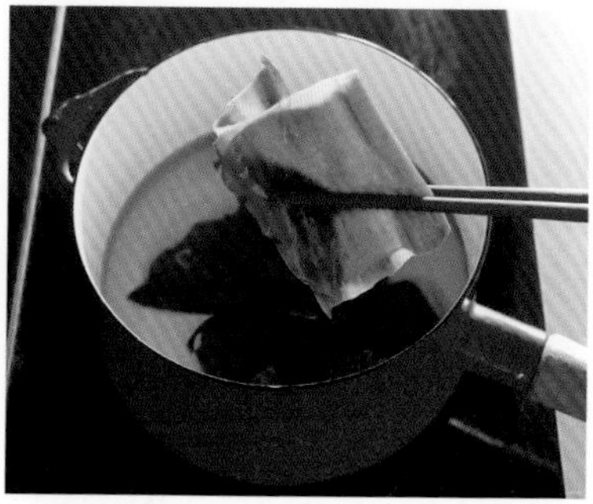

3 昆布煮沸之後會變得黏稠，記得在沸騰前取出昆布。

4 關火加入柴魚片，再用中火加熱。

5 煮沸後調整成保持沸騰的小火，撈掉雜質浮泡。

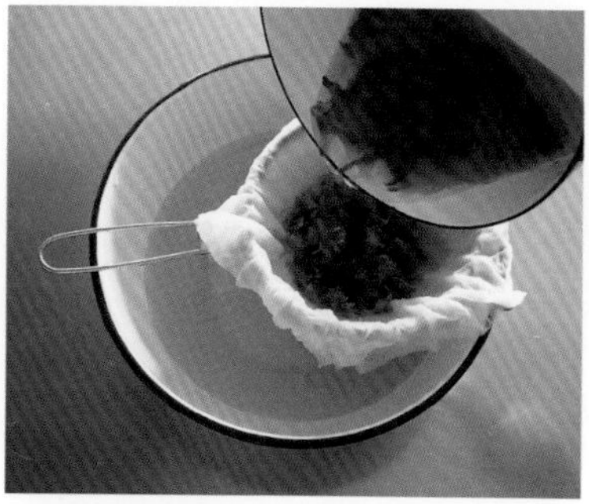

6 撈完浮泡之後關火。靜置1至2分鐘讓味道完全釋出，倒在鋪了廚房紙巾的網子上過濾。

醬油

家裡有日本的醬油最好，但也未必隨時都找得到。沒有的話就用台灣的龜甲萬醬油。只是台灣的龜甲萬色澤比日本的深，味道也比較甜，鹽分稍微低一些。記得要再調整一下。

　最重要的就是調整到自己喜歡的口味。

這些是我家中常備的味噌。因為發酵是進行式（我都放冷藏），即使是一樣的味噌，放久之後也會繼續發酵，顏色變深、味道變重，這也證明了味噌是活的呢！。
市售味噌很多都已經停止發酵，但手工味噌因為菌是活的，不會停止發酵，對身體很好，也非常好吃。

味噌

味噌有很多種類與口味。

　我家平常備用的味噌有京都的西京味噌、名古屋的八丁味噌，還有媽媽常用的麥味噌，味甘色淡，和現在家中自己手作的味噌，味濃色濃，搭配使用剛好。

　我想一般家庭都只有一種，我因為經常要試做各種菜色，因此會常備多種味噌。如果不常做特殊料理，家裡常備一種味噌就可以。

　為什麼會選這幾種呢？因為西京味噌和八丁味噌很特別，很難用其他味噌來代替。其他味噌就算口味稍微不同、鹽分含量有差異，顏色不一樣，但都還在能互相調整代替的範圍（如果有我不知道，其他性質特別的味噌，就先跟各位抱歉）。

　至於味噌的保存方法，請用保鮮膜包好，不要接觸到空氣。如果家中常用可以放冷藏，冷凍則可以保存個一年都不成問題。要用的時候直接挖出需要的份量使用（先解凍也可以）。

　如果我的食譜上沒有特別標明「京都的味噌」（西京味噌）或「名古屋的味噌」（八丁味噌），就代表用的是一般的味噌。

1大匙

告訴大家如何精確測量1大匙。

如果只有1大匙，稍微差一點沒什麼問題，但如果份量是6大匙，一點失誤就會差很多。

砂糖或鹽的話，不要將結塊壓碎塞得滿滿一整匙，而是保持空隙的一平匙。千萬不能堆起來，這樣份量就太多了。

如果是液體的話又不太一樣。醬油之類的液體要稍多一點。大家不妨用最容易理解的水來試試看。測量1大匙（15毫升）的水時，理論上應該是15公克，但如果是1平匙的水，量會不太夠。因此，用重量測量出15公克的量，就是1大匙。

當然，有時候也會有份量稍微增減的1大匙，並沒有絕對。只不過，如果是正確的1大匙，應該是盛起來稍微多一點的1大匙。

然而，量匙也並非絕對，醬油也會因為廠牌所含的鹽分不同。因此最理想的方式就是相信自己的味覺。

一開始先少量加入調味料（因為多了沒辦法減少，少了可以再加），一邊試味道，一邊摸索自己的口味。

本書針對（我心目中的）台灣人，在口味上稍微淡一點。不過口味是很主觀的，請各位務必做出「自己覺得最好吃的口味」。

砂糖與味醂的代換

台灣賣的日本味醂，價格都偏高，但台灣製的味醂跟日本的不太一樣，不能直接替代。所以要是買不到日本的味醂，就用砂糖來增加甜味。

當然這也會因為砂糖的種類略有不同，但大體而言，味醂1大匙可用酒1大匙和砂糖1小匙代替；如果食譜寫味醂4大匙，就可用酒3大匙砂糖1大匙，也就是酒對砂糖以3：1比例混合之後使用。

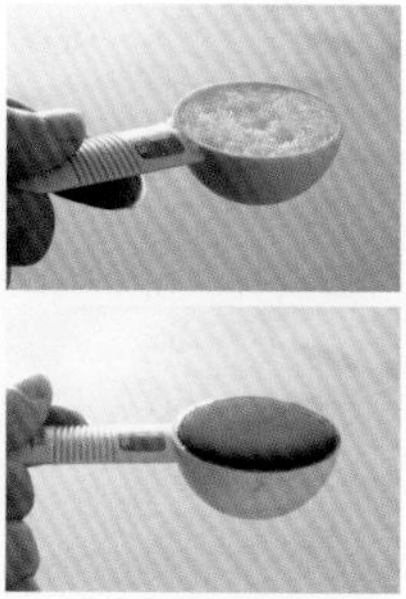

測量粉料時請以平匙為準，液體材料就是再多一點點裝到滿匙。

one

洋食

馬鈴薯燉肉

通常要台灣人「列舉出五道日本家常菜」時，這道菜一定會在其中吧！馬鈴薯燉肉就是這麼受歡迎。

在日本當然也是，提到學料理，最好能學會這道通常被視為「媽媽的味道」的基本菜色。

此外，以年輕女孩為目標族群的雜誌上，在「如何抓住男友的胃」的專題介紹中也必定會有這道菜。

因此，我查了一下馬鈴薯燉肉這道菜是怎麼來的。

目前最可信的說法，似乎是一八七〇年左右由有「海軍之父」稱號的東鄉平八郎想出來的。他當年在英國留學時吃到了非常美味的燉牛肉，便要求部屬做給他吃。但沒有調味料也沒有食譜，最後做出來的就是馬鈴薯燉肉。沒想到受到海軍官兵的喜愛，各自將這道菜的作法帶回家，就這樣流傳開來。

也就是說，這道原本是軍隊裡的伙食。

順帶一提，那個年代恰好是一般市井小民也慢慢吃得起牛肉的時期。

嗯嗯，這麼說來，馬鈴薯燉肉的材料就是牛肉、馬鈴薯……等一下！

我小時候吃到的馬鈴薯燉肉用的卻是豬肉！於是我做了一番研究。

看來似乎是以岐阜縣一帶為界，岐阜以西的家庭多半用牛肉，以東則多用豬肉。

根據我個人的推測，在關西人心目中，「肉」指的是牛肉，相對比較重視牛肉（何況還有神戶牛呢！）。加上原先要做的是燉牛肉，所以就用了牛肉。然而，「馬鈴薯燉肉」是一道家常菜，「豬肉比較便宜，又有豐富的維他命B」，我認為有的家庭會在這個考量下改用豬肉。關東地區以東的家庭，對於用豬肉來代換牛肉沒什麼意見，因此用豬肉來做「馬鈴薯燉肉」的家庭就變多了……會不會是這樣呢？

要是問我個人的意見，我覺得「其實不管用牛肉、豬肉或雞肉都可以吧？重點是肉的鮮味滲透到馬鈴薯跟其他蔬菜裡，吃起來好吃就行了呀！」

正因為這道是家常菜，所以每個家庭都會有使用各種不同材料，呈現不同風味的「馬鈴薯燉肉」。

回過頭來看，前面提到的「如何抓住男友的胃」其實大有問題。

因為你做的馬鈴薯燉肉跟他心目中的味道未必相同，就連使用的肉也不一定是同一種。

搞不好最後的結果是，對方覺得：「這不是馬鈴薯燉肉呀！」（笑）。

當然啦，只要是心愛女友親手做的，加上又做得好吃，即使跟心目中的馬鈴薯燉肉有些落差，也不至於因為這樣「分手」啦（笑）。

這是我最喜歡的馬鈴薯品種，可以用在燉肉，也可以簡單蒸過沾鹽吃就好吃，味道濃郁，口感類似男爵馬鈴薯。

就連馬鈴薯燉肉這道做起來簡單的家常菜，都有這麼大的學問哪。我深深相信，料理不但是歷史，也是文化。

這次介紹我家的馬鈴薯燉肉，其實背後也有一段故事！

我小時候常跟媽媽撒嬌「人家想吃咖哩飯～」，當天晚餐一定就會有咖哩飯吃。不過，這下子愛喝酒的爸爸就發牢騷，「咖哩跟酒一點都不搭嘛！」

但媽媽的想法是，「哎唷。要準備不同的材料，做那麼多道菜很麻煩耶，而且又很不經濟。」於是，她盤算著「該怎麼用差不多的材料，在做咖哩飯的同時也能做出下酒菜……對啦！就做道帶點西式口味的馬鈴薯燉肉吧！」最後就出現了這道菜（笑）。

如果吃膩了一般口味的馬鈴薯燉肉，可以試著做看看唷！無論用的是豬肉或雞肉，我覺得都比牛肉更適合。

至於這道菜的名稱，我一開始想取作「洋風馬鈴薯燉肉」（畢竟加了奶油又加了西式高湯塊），沒想到試著做給先生吃了之後，他卻說「這根本是日式口味嘛！」（淚）最後決定把菜名改成「奶油風味醬油馬鈴薯燉肉」。

バターコンソメ風味の肉じゃが

奶油風味醬油馬鈴薯燉肉

材料（4至5人份）

- 馬鈴薯　4顆
（1顆120公克左右。最好是「五月皇后」（May Queen）這個品種）
- 紅蘿蔔　比較細的1根（170公克左右）
- 洋蔥　大的1顆
- 四季豆或細蘆筍　60至80公克
（如果買到粗的蘆筍，最好先縱切成細條）
- 豬肉片　250至300公克（稍微帶點油花的會比較好吃）
- 奶油　約3大匙（含鹽或無鹽皆可）
- 水　約400毫升（不要蓋過食材）
- 西式高湯塊　1塊
（不喜歡使用西式高湯塊的話，就多加點砂糖調整口味）
- 砂糖　約3撮（不加高湯塊的話就用0.5大匙）
- 醬油　2大匙
- 胡椒鹽　適量
- 黑胡椒　適量

關於馬鈴薯

我在台灣做過一次馬鈴薯燉肉。台灣的馬鈴薯含水量跟日本產的不同，燉煮後很容易碎成小塊。有個方法是先稍微清炸過，或拌炒完先撈起來，再放回鍋子裡燉煮。

編按　台灣的馬鈴薯約有八個品種，根據澱粉顆粒的大小，分為「粉質」和「蠟質」兩大類。適合用來燉煮的是「蠟質」馬鈴薯。常見的蠟質馬鈴薯代表是台農一號（黃皮黃肉，有斑點，約在四月時收成）。但傳統市場看到的台灣種馬鈴薯，大多是產量最大的粉質品種「大葉克尼伯」（Kennebec），白皮有斑點，比台農一號略白。若購買時沒有標示品種，可以用一鍋鹽水，將馬鈴薯倒入，浮起來的馬鈴薯澱粉含量較少，偏向蠟質類，適合燉煮。沉下去的馬鈴薯澱粉含量較多，偏向粉質類，適合炸薯條或做薯泥。

右邊是日本的男爵馬鈴薯，左邊較小顆的是新馬鈴薯。

作法

1 馬鈴薯切成比一口稍大的塊狀，
紅蘿蔔切成小於一口的塊狀，洋蔥順紋切成舟狀。
蘆筍將下方的硬莖切掉後，對半切段。
紅蘿蔔切得比馬鈴薯小塊，是因為不容易煮熟。

2 豬肉要是太大片就切成方便吃的大小。

3 奶油放入鍋子後熱鍋，加入洋蔥炒到軟。
其他材料也可以一起加入，
不過我喜歡洋蔥慢慢炒出的甜味。
這個步驟可依照個人喜好。

4 加入豬肉片炒到上色，
再加入馬鈴薯、紅蘿蔔翻炒到所有食材裹上奶油。
如果使用無鹽奶油，可以加點胡椒鹽。
使用含鹽奶油的話，就撒點黑胡椒。
蘆筍也可以在這時一起加入，
但我想讓蘆筍保留青綠色，不那麼早加。
不介意的話就在這個步驟加入。

5 加水，煮沸之後撈掉浮泡雜質。

6 加入高湯塊、砂糖、醬油、鹽、胡椒，蓋上落蓋，
用稍強的中火燉到水量剩下三分之二至一半。
落蓋是比鍋子直徑小的鍋蓋，可在燉煮時讓食物迅速入味。
調味真的是隨個人喜好。
這次我想要強調奶油跟醬油的味道，
用了2大匙醬油跟少許鹽，但也可以用鹽調味，
只加一點醬油增添香氣。
砂糖也一樣，加或不加都可依照個人喜好。

7 燉煮15分鐘左右，等到所有材料都熟透，再次調味。
加入蘆筍後蓋上鍋蓋煮約1分鐘，
試一下味道後關火。

8 這樣就可以吃了。
不過，如果能放涼之後加熱再吃，會更入味更好吃。
我很喜歡吃的時候撒上大量黑胡椒。

tips

★使用的鍋具大小會影響加入的水量。
如果水加得較多，記得調味料也要斟酌增加。

漢堡排

每天放學回家，我都會跑到廚房跟媽媽說，「今天在學校裡發生了……這些事唷！」

看著媽媽準備晚餐的背影，邊吃點心邊跟媽媽聊天，是日常很開心的時光。

就算在學校挨了老師的罵，跟朋友吵架了，或是考試成績很差，只要聞到廚房裡飄來的各種香氣，就會覺得「算啦～」可以換個心情，不再去想那些煩人的事。回想起來，我可能待在廚房的時間比待在自己房間還久。對我來說，廚房是個充滿魔法的地方。

在廚房的時候，媽媽有時候會叫我幫忙，像是「把四季豆的筋摘掉」，或是「把蠶豆從豆莢裡剝出來」之類，其中我最想嘗試的就是「幫忙揉漢堡排的肉」。

「好想把手伸進去那團黏糊糊的肉泥裡攪動看看哦！會不會像捏黏土一樣呢？還是像玩泥巴捏泥球的感覺呢？」每次總忍不住想像。

媽媽大概也猜到了我會「把食物當玩具」，所以直到我長大之後才讓我幫忙揉漢堡肉。直到現在我仍忘不了第一次把手伸進肉團裡的觸感。冰冰涼涼的肉泥附著在手上的感覺，跟玩黏土或捏泥球截然不同呀（笑）。

媽媽允許我用火煮東西之後，我終於能自己全程做漢堡排了。在家裡，負責收集資訊下指令的總是姊姊，我則負責動手。至於漢堡排，姊姊也事先調查過，「聽說日式漢堡排比較好吃。漢堡排上面加紅白蘿蔔泥，調味是用醬油，好像還可以加片紫蘇葉。」然後指示我，「你做吧！」因為當年日式漢堡排還沒那麼普遍。

姊姊吃了之後，會告訴我「口味再重一點比較好」或是「我希望口感再軟一點」，累積幾次經驗之後，就會歸納出一份我們認同的食譜。

這道漢堡排，可能是我這輩子第一次的料理創作。我到現在還記得，完成這道菜時的成就感，兒時經驗果然也會影響至今呢！

之前去法國玩的時候，做給喜歡日本的法國友人吃，也很受好評，「竟然有醬油口味的漢堡排！雖然有點另類，但很好吃耶！」

這次介紹兩道食譜，是當年母親的「媽媽做的日本洋食漢堡排」以及「女兒做的改良版和風漢堡排」。兩份食譜只有醬汁不同，做了漢堡排之後可以依照當天的心情享受喜歡的口味。

關於漢堡排

為什麼漢堡排會成為日本洋食代表之一？漢堡排的由來眾說紛紜，哪個說法是真的也很難確認……

不過漢堡排之所以成為日本家庭的經典菜色，根據我個人的分析，應該有以下幾個原因：

1 漢堡排使用的是絞肉（絞肉的價格相對便宜），方便取得製作。

2 孩子吃起來也方便（裡頭加了麵包粉，質地軟嫩，加上麵包粉價格便宜可以降低成本）。

3 一般大眾對於肉類總有高級料理的印象（尤其是牛肉。至今還是很高級……），漢堡排也有種豪華的感覺。

基於這些理由，使得漢堡排成為眾人喜愛的一道料理，發展出各式各樣的形式。

可能日本才有麼多樣化的漢堡排料理（日式漢堡排、燉煮漢堡排，加了豆腐或是做成焗烤料理），真是太厲害了！

recipe 2

漢堡排

ハンバーグ

材料（4人份）

● 洋蔥　大顆的½顆

● 牛絞肉　350公克

日本有牛絞肉加豬絞肉的「混合絞肉」。市售的比例各有不同，最常見的是牛豬各半。牛豬各半做起來也不錯，但我經過多次嘗試後認為牛7豬3的比例最好吃。這次採用這個比例來做。

● 豬絞肉　150公克

當然，也可以只用牛絞肉（家母的食譜是100％牛絞肉），但就我個人的經驗，混合絞肉做起來會更多汁。另外，在台灣光用牛肉做的話，會感覺水分多了點，我覺得用混合絞肉比較好吃，不過這也看個人喜好，喜歡牛肉的話也可以使用100％牛肉。

● 鮮奶　100毫升

● 乾燥麵包粉　30公克

不太清楚台灣的狀況，不過在日本如果說「新鮮麵包粉」，買到的就是帶點濕氣的麵包粉。但這次用的是乾燥酥脆的麵包粉。

● 蛋　1顆

● 鹽　5公克（不到1小匙）

● 胡椒　適量

● 肉豆蔻　適量

● 沙拉油或奶油　適量

醬汁

● 白酒（紅酒亦可）　50毫升

家母用的是日本酒。不過我覺得葡萄酒比較適合，所以調整過。用紅酒會比較濃醇，白酒則清爽。

● 水　50毫升以上

● 洋蔥　大顆的½顆

● 番茄醬　4大匙

● 中濃醬（豬排醬亦可）　4大匙

● 奶油　依個人喜好

事前準備

1 洋蔥先切成細末備用。

2 麵包粉用鮮奶泡開備用。

作法

1 用沙拉油炒香洋蔥末。
也可依個人喜好用沙拉油和奶油各半。

2 洋蔥炒到接近透明，將一半的量盛到調理盤放涼。

3 另外一半的洋蔥末要用來做醬汁。
繼續炒到變成褐色再盛到調理盆裡。

4 在調理盆裡加入混合絞肉、用鮮奶泡開的麵包粉、步驟2裡放涼的洋蔥末，蛋、鹽、胡椒、肉豆蔻，充分攪拌到變得黏稠。

5 將步驟4搓圓後壓成橢圓餅狀，放到冰箱裡冷藏。
如果在這個步驟不容易搓圓，可以放進冰箱等降溫之後再搓，或是在手上塗點油。

6 在平底鍋裡倒油，熱鍋，
將充分冷藏的步驟5放進鍋裡（這時如果沒有滋滋作響就表示鍋子還不夠熱），將漢堡排正中央壓得稍微凹陷。
這是為了防止漢堡排正中央內部沒有熟透。如果對自己的技術很有信心，也可以省略這個步驟。

7 用大火煎到漢堡排表面漂亮上色。

8 煎到上色之後翻面，加入混合好的水和酒。
液體的量差不多要淹過一半的漢堡排！不夠就再加點水。

9 蓋上鍋蓋，火力調弱（大約中火）再燜一下。

10 等到水分收到剩三分之一左右，漢堡排全熟。
經過燜的步驟應該沒問題，不放心的話可以用鐵籤之類刺進漢堡排，數到3後拔出，摸一下鐵籤如果不是溫熱而是燙的就沒問題。

11 加入番茄醬、中濃醬、步驟3的洋蔥末，一邊攪拌一邊淋上漢堡排。

12 可依個人喜好加點奶油，煮沸之後即完成。要是覺得味道太重，就加點水或酒調整。

recipe
2.5

改良版和風漢堡排

除了醬汁之外，其他材料與上述食譜相同。

- 醬汁A
  紅蘿蔔泥　6大匙
  酒　6大匙
  醬油　3大匙～
  砂糖　1小匙～
- 奶油　約2小匙
- 蘿蔔泥　隨個人喜好
- 綠紫蘇　一人一片

作法

1 與上述食譜步驟1至9相同。
（但不用白酒，只用水來悶燒。）

2 將漢堡排盛到調理盤內，再將醬汁A的材料倒入平底鍋內。漢堡排取出後不要洗鍋，留在鍋內的肉汁也要用到。

3 放入奶油，融化後關火。

4 可以在步驟3內放入步驟1的漢堡排浸漬醬汁，這樣味道才會滲入；如果不放進去，就直接盛入盤中，這樣拍照起來比較好看。

5 在盛入盤中的漢堡排上面放上綠紫蘇、蘿蔔泥，再淋上平底鍋裡的醬汁即完成。

tips

★笹川家（我的娘家）固定的配菜是高麗菜和小番茄。偶爾也會搭馬鈴薯沙拉。

★我喜歡在漢堡排上加一片乳酪，但母親則百分之百堅持「一定要放荷包蛋」，所以照片選用了荷包蛋版本。

★食譜中的奶油原則上使用的都是無鹽奶油。使用含鹽奶油當然不要緊，不過有時候要記得調整一下調味料跟鹽的用量。

焗烤通心麵

焗烤通心麵是小朋友都很愛吃的菜色，我小時候當然也很喜歡。不過，在我念小學的時候，媽媽沒做過焗烤通心麵給我們吃。所以童年時我記憶中的焗烤通心麵不是媽媽的味道，而是餐廳裡吃到的口味。

有一天，鄰居阿姨拿了焗烤通心麵來我家。現在這種鄰居互動頻繁的狀況愈來愈少見，但我小時候媽媽經常會說：「啊！醬油不夠了，去跟鄰居借一點……」然後我就跑去跟鄰居借，那時候跟鄰居的關係就是如此親近。因此，做菜時份量多了一些分贈給左鄰右舍，也是家常便飯。

送焗烤通心麵來的那位阿姨，他們家有個小我兩歲的男孩子，還有小我四歲的女孩，大概是媽媽應孩子的要求做給他們吃的。那份焗烤通心麵有著濃郁的白醬，通心麵就藏在裡頭，非常好吃。

我拿餐具去歸還時，跟阿姨說：「好好吃喔！謝謝阿姨！」對方很開心回答：「你喜歡吃嗎？太好了！」之後又做了好幾次送來我們家。

後來，因為我們搬家的關係，再也吃不到鄰居阿姨做的焗烤通心麵

靈活運用白醬的各式料理

這道料理中的白醬，還可以有很多應用，例如：奶醬蟹肉可樂餅（質地稍微硬一點比較好做）或奶汁燉菜。

鮮奶如果是以鮮奶的形式無法冷凍保存，要是先做成白醬，就能以冷凍的方式保存。

我曾經在一間生意興隆的紅茶店打工，店裡的奶茶非常受歡迎。偶爾有快到期的鮮奶，老闆就會讓我們帶回家。這麼大量的鮮奶我會在當天全部先做成白醬，放進冷凍庫。

了。在我感到難過的時候，我們家餐桌上也出現了媽媽自己做的焗烤通心麵。

聽說看到我吃得太開心，所以媽媽去向鄰居阿姨請教了作法。據媽媽的說法是「我要做也是做得出來唷！」

家母算是會做許多工夫菜，但不知為什麼，唯獨就是不太肯做焗烤通心麵。問她原因，她回答：「因為你爸不喜歡啦。」

家母的說法是「我可以做呀，但是你爸不喜歡，所以就沒做了。不過我聽了作法之後，沒什麼嘛，做起來很容易。」（就是不認輸的個性啦！）

後來媽媽做過幾次。但不知道是媽媽終究不擅長，或是爸爸還是不喜歡，總之，這道菜色在我們家的餐桌上沒那麼常出現。

結婚之後，有一天我問先生想吃什麼，他說：「焗烤通心麵！」

我立刻回想起的，不是媽媽的味道，而是鄰居阿姨做的口味。於是做了加入火腿和蘑菇的焗烤通心麵。有些人會加雞肉，但鄰居阿姨用的是火腿，因此，我也百分之百支持火腿！

現在每到冬天，我就會懷念起當年鄰居阿姨拿來家裡的熱呼呼焗烤通心麵。那個時代不同今日，鄰居們彼此感情都很好，除了父母之外，小孩子也靠鄰居們一起照顧，對此我心懷感激。（當然也曾經惹人家生氣過啦！）

通心麵（Macaroni）

在日本，短的管狀義大利麵，包括捲的捲心麵或光滑表面的通心麵，蝴蝶結形狀的蝴蝶麵等。沙拉或焗烤都會用這種麵。因為形狀與色彩豐富，讓料理顯得很美味，也很受小孩喜歡。

recipe 3
マカロニ
グランダン
焗烤通心麵

材料（2人份）

●白醬

奶油　25公克

麵粉　2大匙多一點（25公克）

鮮奶　300毫升

●雞湯塊　½顆（先用少量水化開）

●鹽　適量

●胡椒　適量

●沙拉油　適量

●洋蔥　¼顆（60公克）

●火腿　25公克

●蘑菇　3或4顆

●通心麵　50公克

●熱熔乳酪　約20公克

●乳酪粉、麵包粉　依個人喜好

●荷蘭芹　依個人喜好

事前準備

1 洋蔥切薄片、火腿切成方便吃的大小。蘑菇切成四等分備用。

作法

1 在鍋子裡放入奶油，用小火加熱，讓奶油融化。

2 撒入麵粉，用橡膠刮刀充分攪拌均勻，待煮沸之後再繼續拌炒一下。

如果攪拌的動作不夠快，看起來快要燒焦的話，先暫時把鍋子從爐火上移開，過一會兒再繼續加熱。反覆這個步驟。翻炒30秒至1分鐘。

3 將鮮奶分多次慢慢加入。每加入一點就攪拌均勻。

一開始會有結塊的現象，充分攪拌過後就會變得滑順。等到滑順之後再加入一點鮮奶。用打蛋器攪拌會比較方便。過程中持續加熱，如果擔心燒焦可以調整成小火，或是先將鍋子從爐火上移開。

4 加入雞湯塊、鹽、胡椒。

5 繼續用小火煮，並不時攪拌鍋底。因為底部容易燒焦，記得要充分攪拌。慢慢煮沸，變成滑順的醬汁之後就可以關火。

6 平底鍋裡倒入沙拉油加熱，炒到洋蔥變透明之後加入蘑菇、火腿，撒點鹽、胡椒後關火。

7 通心麵依照包裝上標示的時間煮熟。

8 將步驟5、6、7拌勻後倒入通心麵烤盤。

9 上面放熱熔乳酪。

10 依個人喜好在步驟9撒上乳酪粉、麵包粉，放入攝氏200度預熱的烤箱烤20分鐘。

11 等到步驟10的表面烤出令人垂涎的金黃色即完成。可依喜好撒點荷蘭芹。

蛋包飯

蛋包飯是我小時候最愛吃的。

這道菜色在日本深受孩子的喜愛，我看要找到討厭吃蛋包飯的小孩也沒幾個吧。

用番茄醬炒得紅通通的雞肉炒飯，包在黃澄澄的蛋皮裡，這就是我家經典的蛋包飯。

現在常見的蛋包飯種類各式各樣，像是「淋上多蜜醬的蛋包飯」、「白醬與咖哩醬各半的蛋包飯」，或是「宛如半熟歐姆蛋在口中濃郁滑順」等等，但在我們家裡就是最基本的「媽媽蛋包飯」。媽媽認為，要吃其他改良過看起來很時髦的蛋包飯，有機會外食的時候再吃就行了。

不知道為什麼，就算平常討厭洋蔥，但只要切得碎碎的跟白飯、雞肉一起炒，就讓我忍不住一口接著一口吃。雖然用的是不怎麼樣的食材（這樣說好像對食材太沒禮貌了，真抱歉），吃起來就覺得是豐盛的美味。這就是媽媽施的魔法吧！

講到這裡讓我想起來，前陣子先生的朋友帶太太跟女兒來我們家玩。我事先問了他太太「你們家小孩喜歡吃什麼呢？」她回答：「這孩子平常食量就很小，而且又怕生，每次到別人家裡吃飯我都很擔心……不過，她倒是喜歡蛋包飯，我猜如果有蛋包飯，她大概會吃吧？」於是，我做了蛋包飯給她吃。雖然不是媽媽的味道，而是陌生阿姨做的，她還是很乖地吃光光。真開心！

對了，蛋包飯的日文是「オムライス」（發音是omurais），這其實不是英文，而是由法文的煎蛋卷「Omelette」加上英文的米飯「rice」結合而成，算是日本特殊的「和製外來語」。如今，蛋包飯堪稱日本洋食的代表料理。

每次只要爸爸加班，無法回家吃晚飯，家裡餐桌上就會出現蛋包飯。媽媽的想法似乎是蛋包飯這種沒辦法下酒的菜色，爸爸大概不會喜歡。不過，我卻記得跟爸爸對話的情景。他會問：「你們昨天晚上吃什麼呀？」我說：「因為你沒回家吃飯，我們就吃了蛋包飯唷！」然後爸爸就（一副很羨慕的樣子）說：「這樣啊～」

其實大男人也很喜歡蛋包飯的！用家裡現有的材料就能簡單做，各位一定要試試看。

蛋包飯

オムライス

材料（2人份）

一般家用的平底鍋，用來做這樣的份量很方便。
我家用的是直徑26公分的平底鍋。
如果是一家四口的話，就分兩次做。

- **奶油**　適量
  也可以全程用沙拉油來做，但炒飯用奶油比較好，會有香醇的味道。
- **洋蔥**　¼顆（約50公克）
- **青椒**　1顆（約30公克）
- **雞腿肉**　100公克
- **番茄醬**　3.5大匙
- **白飯**　300公克
  如果有冷的剩飯可以直接拿來用。
  比起剛煮好、熱騰騰的白飯，稍微涼一點、水分蒸散掉的飯比較好用。
- **醬油**　1小匙
  不加也無所謂，但家母號稱這是用來「提味」。
  台灣的醬油味道很好，但請盡量使用不甜的醬油。
- **蛋**　3顆
  要是用的蛋比較小顆，或是不擅長煎蛋的人，用4顆蛋會比較好做。
- **鮮奶**　1大匙
- **沙拉油**　適量
- **鹽、胡椒**　適量

淋醬

- **番茄醬**　適量
- **日本的中濃醬或豬排醬**　適量
  沒有的話單用番茄醬也無妨。
  不過加了之後口味比較有層次。

事前準備

1 洋蔥、青椒切成細末。

2 雞肉切成1.5公分的小丁備用。

作法

1 平底鍋倒入奶油熱鍋，把洋蔥炒到透明後加入青椒、雞肉，撒點鹽和胡椒拌炒。

2 加入3大匙番茄醬拌炒。

這裡也可以加入全部的番茄醬，但每個品牌的番茄醬所含的鹽分不同，個人喜好也不同。建議不要一次全部加完，之後才能調整味道。

3 炒到食材變軟，湯汁稍微收乾之後加入白飯一起炒。這時用剩下的番茄醬、醬油和胡椒、鹽來調味。

4 在調理盆裡打蛋，加入鮮奶，撒點鹽和胡椒稍微調味後，將蛋液倒入用沙拉油熱鍋的平底鍋裡煎蛋皮。

5 將步驟3炒好的飯盛到盤子上，蓋上步驟4煎好的蛋皮。

可以用保鮮膜或廚房紙巾包起來，用雙手稍微整出漂亮的外形。

6 用番茄醬和豬排醬依個人喜好的比例調出淋醬。

我喜歡的口味是番茄醬和豬排醬為2：1的比例，醬汁淋上蛋包飯就大功告成。

tips

蛋包飯的三種蛋皮包法

一、如同食譜

1 把飯盛在盤子上。

2 煎蛋皮。

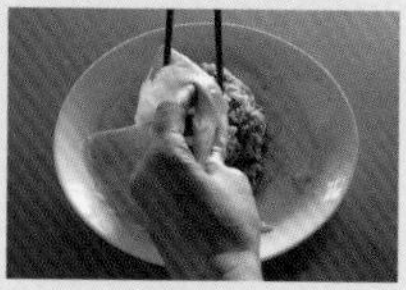
3 將蛋皮蓋在飯上。

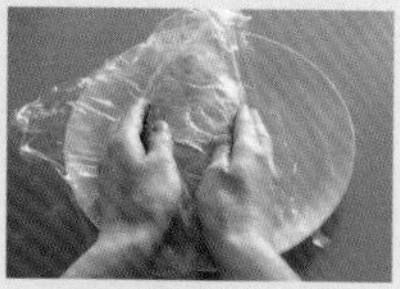
4 用保鮮膜塑形。

作法雖然很簡單（以前的媽媽都是這樣做的吧），
因為很難用手去碰觸燙的蛋皮，所以其實很難吧？

二、使用保鮮膜

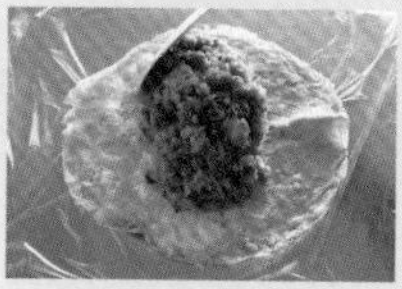
1 煎好蛋皮放在保鮮膜上，再放上飯。

2 用保鮮膜和蛋皮把飯包起來。

3 放在盤子上塑形。

4 完成橢圓狀蛋包飯。

我覺得這個對初學者是最簡單的作法。

三、把飯放在平底鍋上捲起來

1 用平底鍋煎蛋皮，再把飯放上蛋皮。

2 用蛋皮包起飯。

3 將飯往平底鍋的把手端移動。

4 反扣在盤子上。

我想大部分的餐廳用這種作法。習慣的話，就不需要保鮮膜，也不用碰到熱熱的蛋皮，
不過初學者要翻捲的時候可能需要勇氣吧。

玉米湯

小時候最喜歡玉米湯了，到現在還是很愛。我經常耍賴央求媽媽，「人家想喝玉米湯啦！」

要是我在媽媽忙的時候提出要求，她也會這麼說：「欸，好麻煩哦，今天先忍耐一下吧。」當媽媽嫌麻煩不肯弄給我吃的時候，我就會在超市裡自己抓了沖泡式的玉米湯硬是丟進購物籃裡。

有一次我拜託媽媽，「我也會幫忙啦，拜託今天煮玉米湯嘛。」於是我幫忙融化奶油，加入麵粉慢慢炒。這個步驟要是偷懶，麵粉會結塊，最後做出來的湯就不好喝。但小孩子沒辦法耐著性子好好攪拌，媽媽看到我隨便攪拌幾下，便說：「你這樣不行啦！給我！」說完就拿走我手上的木匙。

平常看到我幫忙總會開口稱讚「你好棒哦！」的媽媽，卻無法容忍湯裡還有麵粉小顆粒，認為這樣有損媽媽的尊嚴嗎（笑）？因為種種緣故，長大之前我從來沒自己嘗試做過玉米湯。

長大之後，有一次到朋友家玩，聊起這件事，朋友說：「我媽都是早餐時三兩下就煮好了耶。」竟然有這種事！朋友的媽媽也很快地煮了玉米

湯請我喝。

我喝了一口，內心暗道：「好吃耶！嗯，但好吃歸好吃，總覺得哪裡不太對，還是不太夠味……」沒錯！因為省略了母親堅持（笑）用奶油炒麵粉的那個步驟，這碗玉米湯喝起來稀稀的。

原來媽媽不惜訓斥女兒也要堅守的原則就是這不容妥協的美味呀！

我當下還是很乖巧地謝謝朋友的母親，「謝謝您，很好喝。」回到家之後，我立刻拜託媽媽，「教我做玉米湯！」看到我一進門就這麼說，媽媽似乎嚇了一跳，但隔天還是去買了材料教我做。

當時因為耐著性子慢慢炒過麵粉，才能做出好喝的玉米湯。

我想起小時候全家人經常到鄉下旅行。雖是鄉下，有間餐廳常會有些時髦的菜色，我們都會到那間餐廳吃午飯。那時候我點了菜單上的「濃湯」，結果濃湯的確是濃湯，卻是馬鈴薯濃湯（而且是冷的，應該是「青蒜馬鈴薯冷湯」〔Vichyssoise〕吧。現在雖然常見，但當年並沒那麼普遍）。

我原先看到「濃湯」，想像的是玉米湯，結果喝了一口嚇一大跳！「怎麼都不甜！」一碗湯我沒喝幾口，後來都是爸爸喝掉的。

現在我超喜歡青蒜馬鈴薯冷湯，但當年還是小孩子的味覺吧。

一旦忙起來，忍不住很多地方都會想偷懶，但我現在學會了有些地方偷懶無所謂，有些地方則一點都懶不得。話說回來，到了這把年紀還對於自己曾經挨罵的印象如此深刻，想必當時媽媽一定罵得很兇吧（笑）。

玉米湯

コンスープ

材料（早餐用的湯杯4至5人份）

- 洋蔥　½顆（約100公克）
- 含鹽奶油　滿匙1大匙左右（15公克）
- 低筋麵粉　0.5大匙再多一點，隨個人喜好
- 水　½杯（100毫升）
- 鮮奶　1杯（200毫升）
- 罐頭玉米醬　1罐（190公克）
- 高湯塊　½塊
- 鹽、胡椒、荷蘭芹　適量

tips

★我喜歡一次做多一點，隔天早上還可以配麵包吃。

★如果特別喜歡玉米的話，
材料中也可追加罐頭玉米粒。

★家裡要是有鮮奶油，
盛好要吃之前稍微加一點，更添濃醇風味。

作法

1. 洋蔥切成細末。
2. 在鍋子裡加入洋蔥末和奶油，以小火加熱，用木勺慢慢拌炒到洋蔥變得透明。
3. 在步驟2裡撒入低筋麵粉，以小火邊攪拌邊慢慢炒。
4. 當步驟3炒到麵粉包裹住洋蔥外層之後，先將鍋子從爐火上移開，加水充分攪拌，再加入鮮奶、玉米醬，充分攪拌均勻。
5. 將步驟4以小火加熱，加入高湯塊後攪拌均勻。
這個步驟要是偷懶沒拌勻，在鍋底的麵粉就會結塊，最後煮出一鍋上層澄清但底部黏稠的玉米湯，因此慢慢攪拌也無妨，但千萬別停下來。
6. 待步驟5煮滾後用鹽和胡椒調味，然後關火。
7. 將湯盛裝到容器裡，依個人喜好撒點荷蘭芹細末。

奶醬蟹肉可樂餅

拿起叉子劃開金黃色酥脆麵衣的外層，隨即流出熱騰騰的濃郁奶醬……這是我小時候非常嚮往的食物——奶醬可樂餅。

雖然同樣是可樂餅，這跟薯芋類內餡那種鬆軟口感截然不同。一般薯芋類內餡的可樂餅如果是班上的風雲人物，奶醬可樂餅就是當紅偶像。兩者之間的差距大概是這樣吧。

薯芋類可樂餅是容易親近，每天一起玩的最佳同伴，而奶醬可樂餅則是難得見上一面的心儀對象。差不多是這個感覺。

這位令人神往的奶醬可樂餅，小時候媽媽會做過幾次給我們吃，不過這畢竟不是常在家中餐桌上出現的菜色，覺得是到外頭餐廳才吃的。

長大之後，跟母親一起做菜的機會變多了，「為什麼你不常做奶醬可樂餅啊？」在我追問之下，媽媽才回答：「那個做起來很麻煩啦。」「不然我們一起做？」商量之下，兩人一起到書店買了看起來最簡單的食譜回家。

接著我們倆就做起奶醬可樂餅。邊做邊開始後悔為什麼要提議這件事了，同時也深深瞭解，為什麼媽媽不想做了……

雙手弄得黏糊糊，怎麼搓都搓不出圓球狀，愈是賣力愈覺得陷入深

相較於奶醬可樂餅，比較容易製作的馬鈴薯可樂餅，是可以經常上桌的菜色。

淵，無法脫身……整個廚房都是麵包粉和各種粉類……豈是一個慘字了得。至今我還記得被各種粉類淹沒的廚房，難以忘懷。

手忙腳亂之中，最後總算完成的奶醬可樂餅真的很好吃！歷經千辛萬苦之後，倍感美味。

大概就從那陣子開始，我決定開始研究料理。

之後差不多每星期我都會試做一次奶醬可樂餅。要怎樣才能做得好吃，希望盡可能做得更好吃……做的時候老想著這些。

現在，奶醬可樂餅成了我的拿手菜。無論做菜、做甜點，其實只要持續多做幾次，每個人都會進步。

前陣子有學生說：「請教我們做奶醬可樂餅！」於是我找母親商量，「有沒有什麼能讓初學者覺得簡單又做得好吃的方法呢？」媽媽隨即回答：「等我一下！」然後翻出當年那本食譜。（當下讓我太佩服了，已經二十多年前的書，她竟然還留著！）

我參考那份食譜指導學生，結果非常成功！

「自己也能做出奶醬可樂餅了！」大家比平常更開心地下課回家。提議的那位學生，據說做奶醬可樂餅是他的夢想。有興趣想做的食物，能夠親手做出來，的確令人開心。看著那位學生的表情，我回想起自己第一次成功做出奶醬可樂餅的那一刻，真的感覺很幸福。

第一次做或許有些難度，但材料都很容易取得，請大家務必試試看。

奶醬蟹肉可樂餅

クリムカニコロッケ

材料（4人份）

- 洋菇　100公克
- 奶油　50公克
- 低筋麵粉　65公克
- 鮮奶　400毫升
- 蟹肉罐頭　100至150公克

（如果有其他蟹肉來源，不用罐頭也可以）

- 麵包粉　適量（用細麵包粉，油炸時較不容易爆開）
- 蛋液　適量
- 低筋麵粉　適量
- 沙拉油　適量
- 胡椒鹽　適量

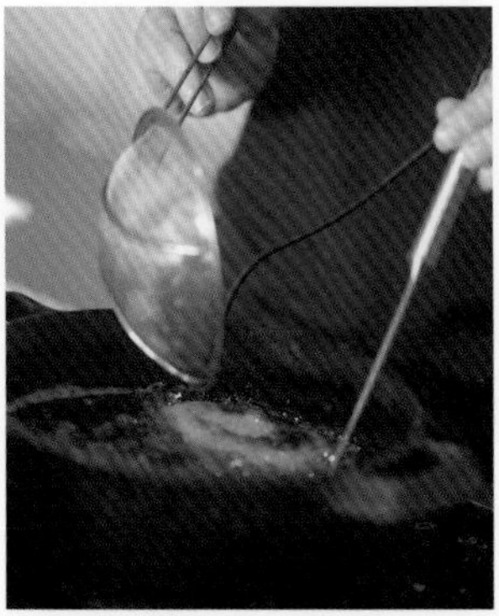

作法

1 洋菇切成 1 公分左右的粗丁，用些許奶油或橄欖油（份量外）拌炒，撒點胡椒鹽調味備用。

2 在平底鍋裡放入奶油融化，撒入麵粉慢慢拌炒。

3 將平底鍋從爐火上移開，加入三分之一的鮮奶，用小火加熱拌勻，同樣的步驟重複三次，將鮮奶分次加入。可以使用攪拌器，就算結塊也容易攪拌。

4 將所有材料攪拌均勻滑順後，加熱到沸騰冒小泡泡。

5 撒胡椒鹽調味後關火。

6 將步驟 1 的洋菇丁還有蟹肉罐頭連同湯汁一起倒入鍋中，攪拌均勻。

7 把步驟 6 倒進調理盤後，緊貼著蓋上保鮮膜，稍微降溫之後放進冰箱。內餡完成。

8 在手上沾點油，將分成八份的內餡取一份搓圓，
做成可樂餅的外型，
然後依照麵粉、蛋液、麵包粉，
再一次蛋液、麵包粉的順序沾上。

蛋液和麵包粉裹兩次
是為了防止油炸時因為出現空洞而爆開。

9 用攝氏170度的熱油油炸。

10 炸3至4分鐘左右，呈現金黃色澤即可。

裡面包的是已經加熱過的餡，所以只要裡面溫熱、
內餡因為加熱而膨脹就可以了。
如果炸太久，可能會破掉。

鮮奶油蛋糕

小時候藉著慶生的名義，邀請幾個好朋友來家裡辦慶生會，是我一年一次最期待的事。

我想每個家庭的媽媽都會從前一天就開始準備很多好吃的吧？我們家也不例外。只是我對各種料理都沒什麼特別的印象……但是讓我滿心期待的，就是每年必定出現的鮮奶油蛋糕。

現在幾乎每個家庭都有烤箱，但當年可不是如此，我家也沒有烤箱。所以媽媽是用無水鍋（很大、很厚的鍋子）來烤海綿蛋糕。老實說，現在要我用無水鍋烤個海綿蛋糕，我還不會呢（也從來沒挑戰過就是了）。

淋在海綿蛋糕上的糖漿，是用蛋糕夾層裡的罐頭水蜜桃裡的糖漿熬煮而成。（主婦做甜點絕對要物盡其用！）

我姊姊的生日在四月，蛋糕上總有草莓。我的生日在九月，所以蛋糕上多半是糖漬栗子、葡萄，或是罐頭水果，對兒時的我來說有點單調乏味。每次看到姊姊的生日蛋糕上有鮮紅的草莓，總讓我羨慕得不得了，等到我生日時也會不斷央求媽媽，讓媽媽很傷腦筋。（即使到了這個無論什麼季節都能嘗到各種美味的時代，唯有草莓在秋天還是吃不到。）

家裡的狗狗生日時，我也會為牠們準備生日蛋糕。用脫水優格取代鮮奶油，製作無糖的蛋糕體，夾入花椰菜和番茄等蔬菜當作內餡，讓牠們吃得健康又安心。

當年不像現在是走降低甜度卻保持美味的路線，因此蛋糕上塗滿的是加入大量砂糖的鮮奶油。

那時候家裡只有大的調理盆跟打蛋器（印象中電動攪拌器是在我念小學高年級時才買的），攪拌時用木勺代替橡膠刮刀，當然也沒有蛋糕專用的抹刀，因此鮮奶油是用西餐的餐刀來塗抹（在沒有各式工具輔助的環境下，我沒自信能塗得漂亮）。

吃著媽媽專為自己做的蛋糕固然開心，但另一項樂趣就是可以幫忙做蛋糕，而且有權利可以舔調理盆剩下的鮮奶油。

用手指刮起沾在調理盆上的鮮奶油，然後舔手指，這種有一絲絲像在做壞事的感覺，讓鮮奶油嘗起來更加美味。比起之後用叉子吃蛋糕上的鮮奶油，不知道好吃多少倍。

另外，蛋糕上的裝飾跟現在比起來也單調許多，但對兒時的我來說，這樣簡單的蛋糕已經令我目眩神迷。相信大快朵頤的我們，雙眼中也閃爍著滿足的光芒。

ショートケーキ

鮮奶油蛋糕

材料（直徑15公分的圓形蛋糕模型一模份）

● 低筋麵粉　50公克

● 鮮奶　0.5至1大匙
鮮奶跟奶油多一點會比較好吃，
不過攪拌器很容易把蛋的氣泡弄破，攪拌時要格外小心。

● 融化的奶油　0.5至1大匙

● 蛋　2.5顆（130公克）

● 砂糖　60公克（拌入蛋液中的糖）
我家用的是上白糖，但用一般的砂糖也可以。
味道沒有差太多，只是上白糖的口感會比較濕潤。

● 鮮奶油　250公克

● 砂糖　鮮奶油量的2.5％至10％
這次用4％來做，會覺得甜，但不會太膩。
2.5％會覺得是微甜，5％則為一般甜度。

● 糖漿　用等量的水和砂糖，煮沸之後放涼。
如果用的是罐頭水果，糖漿可以煮得濃一點，
嘗嘗甜度，剛好即可。

● 喜歡的水果　適量

事前準備

1　低筋麵粉事先過篩。

2　鮮奶混合奶油以隔水方式加熱，
奶油涼了就很難攪拌進麵糰，
要加熱到攝氏50度左右。

3　在模型內側塗點沙拉油，
然後緊貼著內側鋪上烘焙紙。

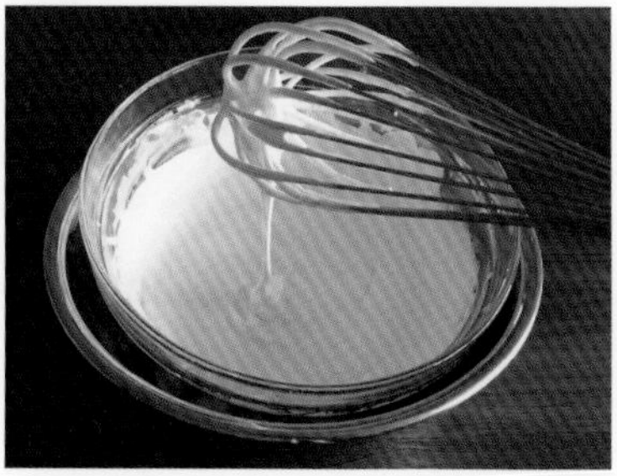

隔著冰水將鮮奶油打到六分發，拉起來鮮奶油會緩緩流下的程度，適於塗抹蛋糕外層。

作法

1 在調理盆裡加入蛋打散後，加入砂糖立刻攪拌。
蛋遇到砂糖之後如果放著不攪拌，砂糖會讓蛋黃凝固，因此要立刻攪拌。

2 隔著攝氏60度左右的熱水把蛋打發（蛋液溫度維持攝氏40度以下），打到攪拌器拉起來時蛋液緩緩流下，也就是像緞帶狀的程度。打發之後將蛋液從熱水中移出，用低速慢慢攪拌到變涼，讓泡沫變得更細緻。趕時間的話也可以隔著冰水打。

3 將過篩後的麵粉倒入步驟2中，用橡皮刮刀攪拌。動作大一點，泡沫反而不容易散掉。

4 攪拌均勻之後，將2大匙左右的麵糊加到加熱過的奶油和鮮奶裡，調勻後再倒入麵糊裡攪拌。因為加了油脂，泡沫不易消散，攪拌的動作可以大一點無妨。

5 將麵糊倒入模型，用攝氏180度的烤箱烤約30分鐘。用一根竹籤刺進蛋糕裡，抽出來沒沾到麵糊就表示已經烤好了。

6 將蛋糕脫膜，放到完全變涼。

7 將砂糖加入鮮奶油中打至六分發（即攪拌器拉起後，鮮奶油會緩慢流下的狀態。這是為了便於塗抹蛋糕體外層。打得太發，鮮奶油會變硬，不好塗抹）。記得一定要隔著冰水打，不然容易油水分離。

8 將蛋糕體橫切成兩半，用刷子塗上糖漿。

9 底層蛋糕體塗上鮮奶油之後鋪上水果，再塗一層鮮奶油，然後鋪上另一塊蛋糕體。

10 將蛋糕體外側也抹上鮮奶油，可依喜好在蛋糕上擠花或排上水果裝飾。

TWO

我家的經典菜色

炸雞塊

到台灣上烹飪課時，問學生「想學做哪些菜？」時，他們的答案經常都是「便當！日本的便當看起來好乾淨好可愛。」我姊姊（之前曾在台灣住過一段時間）也說：「台灣人對日本的便當非常有興趣哦。你教學生做，他們一定會很高興。」只不過，至今很少有機會教大家做便當。

我有個朋友，她女兒正在準備大考。聽說朋友每天會幫女兒準備兩個便當，一個中午吃，另外一個則是放學後帶去補習班，趁休息時間吃晚餐。這兩個口味不同的便當裝了媽媽滿滿的愛心。

雖然最近開始有人覺得，其實是爸爸比較會做菜。不過，目前看來媽媽還是主流。

說起日本的便當，有名的是「造型便當」。我小時候雖然還沒流行這個，但每個媽媽每天做便當時都是絞盡腦汁，務必達到「營養均衡」、「配色漂亮」、「即使冷了也好吃」、「在夏天不容易壞」等幾項標準。

回想起來，我帶的便當算是「褐色系」的路線。

我媽媽娘家在秋田（日本東北地區），喜歡重口味。所謂重口味，就是醬油跟味噌會用得很多，於是外觀多半是褐色。

此外，所有食物都要保證煮熟（怕半生不熟吃壞肚子），也就是全熟微焦，就變得都是褐色了。

這兩個原因之下，我的便當整體看來顏色都很深。

「褐色便當」的主角之一就是炸雞塊。尤其遇到運動會、遠足之類的活動時，媽媽一定會幫我的便當帶炸雞塊。運動會或遠足爬山，累得滿身大汗後打開便當，就聞到撲鼻的大蒜香味。「肚子好餓喔！」這種狀況下吃到的炸雞塊真是比什麼山珍海味還棒。

沒錯，我媽媽的炸雞塊加了蒜泥！

每個家庭的炸雞塊都各有風味，展現了家家戶戶的個性。

那些褐色便當，現在成了我寶貴的回憶。不過，小時候我看到朋友色彩繽紛的便當確實也很羨慕，還會跟媽媽說：「我討厭整個便當都是咖啡色。」當年真是太任性了，媽媽對不起……。姊姊講起炸雞塊便當也說：「一看到（黑黑的）先嚇一跳，吃了之後（太好吃，口感特殊）又嚇一跳。」要做出顏色很深的炸雞塊，訣竅有兩點，一是肉先醃一晚（確保入味），加上炸的時間長一點（尤其帶便當最怕沒有全熟）就對了！

話說回來，我畢竟是個料理專家，在此就來教各位不必炸到焦黑也能保證全熟的作法吧！

recipe 8
炸雞塊
唐揚げ

材料（2至4人份）

- 雞腿肉　2至3片
- 日本酒　40毫升
- 醬油　60毫升
- 薑泥　1至2小匙
- 蒜泥　1至2小匙
- 洋蔥泥　½顆（100公克左右）
- 太白粉　適量
- 炸油　適量
- 鹽、胡椒　適量

雞肉切成一口大小，撒點鹽和胡椒調味。雞肉用叉子戳一戳，比較好入味。

作法

1 雞腿肉切成一口大小，撒點鹽和胡椒。

2 在調理盆裡加入日本酒、醬油、薑泥、蒜泥、洋蔥泥，充分攪拌均勻。
用日本酒不用料理酒的原因是因為料理酒已經加了鹽、糖等調味。

3 將步驟1加入步驟2中抓拌。靜置3小時至一晚。
靜置不僅能讓雞腿肉醃得更入味，洋蔥泥的成分（酵素）也能讓肉質變軟。

4 在步驟3醃好的雞肉表面裹上太白粉，下鍋油炸。

tips

★我媽媽會在步驟3就加入太白粉，
有種讓雞肉裹著粉漿的狀態下鍋（怕麻煩的人就會這樣）。
不過，女兒我喜歡比較優雅俐落（笑），
選擇下鍋前才將肉沾上太白粉。
媽媽的作法麵衣口感相對紮實，口味也比較重。

★至於步驟4的炸法，可依照個人喜好。
我習慣先用低溫（攝氏140至150度）
下鍋炸1至2分鐘之後撈起來放個5分鐘左右。
趁這個時候讓油溫升高到攝氏180至190度，
然後回鍋炸到表面成金黃色。

這種回鍋炸兩次的方式雖然麻煩，
卻能讓雞塊外皮酥脆，肉質多汁，
而且保證裡頭不會沒熟。

話說回來，我媽媽的作法是「就算外皮稍微焦了點，
但從頭到尾保持大火，讓裡頭熟透。」
我覺得兩種炸法都可以。

★醃肉的時間也會影響口味。
我自己覺得醃一個晚上（約12小時）剛剛好，
但喜歡清淡口味的台灣人或許醃6小時就夠了。
如果想要醃久一點卻不想口味太重，
可以稍微增加酒的用量，
或是增加洋蔥泥的量來調整。

recipe 9

雞蛋三明治

講到三明治，首先想到的就是雞蛋三明治，可說是記憶中的味道。

在台灣，學校裡有沒有霸凌或是排擠同學的現象呢？我自己沒有小孩，不太清楚目前日本學校真正的狀況怎麼樣（在電視上不時看到霸凌的相關報導），不過，在我念小學時其實很常見，而且都是為了一些挺無聊的原因（現在回想起來啦）。

比方說「對方學我買了同樣的鉛筆盒」、「我很討厭他的口頭禪，聽了很煩」、「他明明跟我約好要一起上學，結果又跟別人一起走」，或是「老師比較喜歡他」、「他一直跟我喜歡的某某人聊天」之類……講起來其實根本就像在找碴（笑）。

不過，小時候學校就是生活的重心。孩子的世界只有學校或家庭，要是在學校遭受霸凌，就覺得眼前一片黑暗，像是面對世界末日。

說起來我在小學時也曾是同學霸凌的對象。印象中是為了很無聊的原因，大概是因為我的關係輸掉了排球比賽之類的。如果是現在的我，就會不客氣地跟對方說：「我運動神經這麼差，你們還讓我進球隊，應該

要怪你們自己吧。」不過，當年我不敢這麼說，完全不想上學。每天早上都喊著肚子痛、發燒、頭痛（當然都是裝的）。

我沒辦法告訴媽媽「我在學校被同學排擠」，但我想她應該發現了吧。我心想，不吃早餐，媽媽就不會讓我上學了，於是耍賴說「我身體不舒服，吃不下飯。」結果，媽媽三兩下迅速做了一份雞蛋三明治，讓我帶著坐上腳踏車後座。

坐在媽媽用力踩得搖搖晃晃的腳踏車上，感受著媽媽背後的體溫，一邊吃著雞蛋三明治。柔軟溫和的口味。

我猜想，媽媽大概認為我一旦因此請假，之後就不想再上學，從此被貼上被霸凌的標籤吧。雖然她沒說出口，但可能在心裡對我說：「別這樣就認輸唷！」

如果此刻有人因為遭受霸凌而苦惱，要是能吃點好吃的東西再繼續努力，我希望你從此振作；萬一就算吃了美食也無法撐下去，我想至少你趁機休息一下也無妨，不是常說「以退為進」、「退一步海闊天空」嘛。

媽媽做的雞蛋三明治用的是沒烤過的吐司，調味上也沒加黃芥末，是鬆軟優雅的口味；我的版本則是將吐司烤得酥脆，還在奶油裡多添加黃芥末，吃起來感覺很有力道的雞蛋三明治。

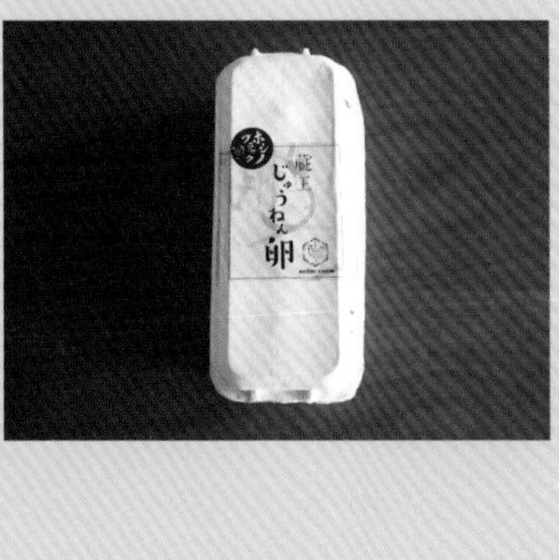

這是自由放牧的雞所生下的蛋，使用好的食材做料理，安心又好吃。

recipe 9
雞蛋三明治
タマゴサンド

材料（2人份）

- 煮到蛋黃全熟的水煮蛋　中型3顆
- 美乃滋　3大匙
- 醋　0.5至1大匙
- 荷蘭芹細末　1.5至2大匙
- 鹽、胡椒　適量
- 吐司　4片（喜歡厚片吐司的話也可以用厚片吐司）
- 回溫到變軟的含鹽奶油　適量

作法

1. 水煮蛋切成粗丁。
2. 將美乃滋、醋、荷蘭芹細末加到步驟1中攪拌，嘗一下味道，用鹽、胡椒調味後拌勻。
3. 在吐司上塗奶油，將步驟2的蛋沙拉夾進兩片吐司之間。
4. 用保鮮膜包緊，讓麵包跟蛋沙拉能緊密貼合（約10分鐘）。
5. 把麵包邊切掉，切成方便吃的大小。

tips

★也可以用植物性奶油來代替奶油。

★這是媽媽的食譜，如果吐司先烤過，奶油裡拌入一點黃芥末的話，就是敦子風格的三明治。

★切些小黃瓜末或是洋蔥末拌入蛋沙拉，增添爽脆的口感也很棒，但如果不是馬上要吃的話（例如帶便當），小黃瓜跟洋蔥都容易出水，還是建議用荷蘭芹比較好。

味噌飯糰

每到夏天雷電交加的季節，就會讓我想起味噌飯糰。

忍著燙，把剛煮好的熱騰騰白飯捏成飯糰，然後塗上味噌，就這麼簡單，稱之「料理」實在有點難為情……

至於為什麼會在大雷雨的季節想起味噌飯糰呢？因為我媽媽非常非常討厭打雷。

據我所知，討厭的程度大概只略輸給出現在廚房，那種黑漆漆、身上滿是細菌、號稱主婦之敵的蟲（不想說出牠的名字……）吧。

稍微離題了。只要一打雷，媽媽就心神不寧，沒辦法靜靜待在廚房。我小時候，傍晚經常會打雷（現在打雷也常出現在傍晚時分，但最近在早晚一些奇怪的時間也會打雷，果然是氣候異常吧）。傍晚，就是晚餐之前的時段。換句話說，每次一打雷，媽媽就做不了晚餐。

日本有句俗諺，意思是「打雷時若不遮著肚子，肚臍會被偷走」。回想起來，媽媽不太可能真心相信這句話，不過每次一打雷，她真的就像覺得「肚臍要被偷走」一樣，拉著我跟姊姊一起躲進「壁櫥」裡，三個人屏氣凝神，等著雷聲停歇。

現在家裡使用的味噌，我也試著自己做，知道使用的原料，吃起來更安心。

請各位稍微想像一下，大熱天裡一個大人帶著兩個小孩躲在壁櫥的情景——拉門緊閉，裡頭黑漆漆。而且，好熱好熱。

要是我想把門拉開一道縫，媽媽就會爆怒（笑）。

老實說，我一點都不怕打雷。但為了媽媽，我還是一起進到伸手不見五指而且像是三溫暖的壁櫥裡。一邊卻在心裡嘀咕：「真想趕快出去啊！這到底在幹嘛呀？」（笑）

等到雷聲平息，從三溫暖裡爬出來，終於能夠喘口氣。不過，在雷聲大作之際，熱得滿頭大汗，加上強忍著恐懼用盡力氣的媽媽差不多全身虛脫，「今天不想做飯了……」。

這時，就輪到「味噌飯糰」出場。

當然，前一天有剩菜也會端上桌，但實在沒力氣再做其他菜，總之就先煮一鍋飯，趁熱塗上味噌，大口嚼著熱騰騰的飯糰。即使如此，卻覺得「好好吃啊！」。

仔細想想，味噌飯糰含有碳水化合物和鹽分，在饑腸轆轆、汗流浹背的情況下，的確需要補充鹽分。是非常適合這個狀況的食物。

長大後聊起這件事，媽媽都會說：「我可是拚了老命保護你們倆耶！因為小孩子一定很怕打雷吧。那時候真的讓我體會到『為母則強』這句話呀！」

打死我都不會告訴她，「媽媽，其實我根本不怕打雷呀！」（笑）

recipe 10

味噌おにぎり

味噌飯糰

味噌的種類

味噌的種類之多，就連日本人也未必搞得清楚。
同樣叫作味噌，口味卻完全不一樣，對台灣人來說應該很難理解吧。

首先，是原料的差異——
米味噌：使用黃豆和米麴製作。**豆味噌**：使用黃豆和豆麴製作。
麥味噌：使用黃豆和麥麴製作。而由這些混合製作而成的就是**混合味噌**。

二是鹹度上的差異——
鹽的用量多的就是**辛口**，味道偏鹹；鹽的用量少的就是**甘口**，味道偏甜。
此外，如果鹽分相同，麴的用量較多就會偏向甘口。

最後是顏色上的差異——
因為製程的差異，黃豆用煮的或是蒸的也會影響顏色。
一般來說紅味噌的黃豆是蒸的，白味噌是煮的。
發酵程度的差異，發酵、熟成期間，胺基酸會與糖分起反應，轉為褐色。
發酵熟成反應期間愈長，顏色愈深，口味也愈濃郁。
顏色深的稱作**紅味噌**，顏色淡的叫**白味噌**，或**淡色味噌**。

上面寫的這些條件組合之下，就成了每個地方不同口味的味噌。
比方說，我媽媽常用的仙台味噌，就是辛口紅味噌。
米味噌在長期發酵下變成深紅色，鹽分也比較高，屬於辛口。

我個人認為有兩種味噌比較特別。
如果食譜裡只寫了「味噌」而沒有另外註明時，建議最好不要用這兩種。
一個是京都的白味噌（西京味噌）。就類別上來說是米味噌，
但口味非常甜，顏色很白，總之是非常特殊的味噌。
有時候可以當作日式甜點的材料，我在做磅蛋糕的時候就會加一點。
另外就是名古屋的紅味噌。這也是非常特殊的口味，分類上屬於豆味噌，
口味跟米味噌做的紅味噌差很多。
我會在燉牛肉（多蜜醬）時用來增添濃醇口感。

材料（方便操作的份量）

● 剛煮好的熱騰騰白飯　適量

● 直接吃也好吃的味噌　適量

建議使用低鹽味噌，話說回來，味噌普遍都很鹹，只要薄薄塗在表面。

台灣人不太吃太鹹的東西，只塗單面或是少少塗一點也可以。

作法

1 **將飯捏成飯糰。**

請準備剛煮好的飯，用水沾濕用來裝飯的碗和手。

把飯（手可以握住的量）裝入碗裡，
熱熱的飯比較好，如果怕燙到手，放涼一點也沒關係。
一手拿碗，把飯倒在另一手上。
兩手輕握將飯稍微壓實即可。

2 **在飯糰表面塗上味噌。**

可以將味噌沾在手上，邊捏邊抹在飯糰表面，
或是用湯匙舀了抹上去。
用湯匙塗抹的話可能會塗太多，
用手塗抹或許比較好。

recipe
10.5

變化版味噌飯糰

材料

- 剛煮好的熱騰騰白飯　適量
- 味噌　1大匙
（塗抹的味噌，大約3顆飯糰的用量）
- 味醂　1小匙
- 蜂蜜　約1小匙
（沒有的話也可以用砂糖增加甜度）
- 水　1大匙

以下依個人喜好

- 白芝麻　適量
- 綠紫蘇　適量

事前準備

將味噌、味醂、蜂蜜、水混合拌勻，
用小火煮到從湯匙倒出來時
是緩慢滴落的程度。

作法

芝麻味噌飯糰　ゴマ味噌おにぎり

1 將飯捏成飯糰。

2 塗上味噌。
也可以用小烤箱烤一下飯糰表面，
烤到表面上色，稍微變硬即可。

3 在味噌上撒上芝麻。
也可以在味噌裡拌入芝麻後塗抹。

紫蘇葉味噌飯糰　青しそ味噌おにぎり

1 將飯捏成飯糰。

2 在飯糰表面塗抹味噌。

3 用紫蘇葉包貼住飯糰。

★製作烤飯糰，塗抹上味噌也很好吃。

★做烤飯糰連我都經常搞砸，記得要等到烤到表面變硬之後
再調味，比較不容易讓飯糰散掉。

★如果是用平底鍋烤，可以使用不沾鍋，或是在鍋底鋪烘焙紙。
用烤箱的話記得鋪一張烘焙紙，避免飯粒黏在烤網上或鍋底。

豆皮壽司

許多人會把豆皮壽司稱為「稻荷壽司」。

為什麼把壽司飯包進油豆皮裡要叫「稻荷」呢？據說是因為身為狐狸的稻荷大神喜歡吃油豆皮，所以這種壽司也叫「稻荷壽司」。由於稱呼神明要有禮貌，有些日本人還會加上敬稱（笑）。當然，我家也不例外。

講到豆皮壽司，是我家便當中常見的要角之一。

壽司飯相對不容易壞，加上又經過調味，即使冷了也好吃，還可以直接用手拿，吃起來很方便。或許這些都是適合帶便當的好理由。

每次要做豆皮壽司的前一天，媽媽就會交代，「你去買油豆皮。記得要挑看起來好撕開，然後不會油膩膩的。不要買便宜貨哦，不好吃。」

所謂好撕開，就是做豆皮壽司時要把油豆皮撕開成像口袋一樣，好塞壽司飯進去。媽媽的意思是，要買很容易撕開的油豆皮。不過，這隔著包裝袋根本看不出來嘛（苦笑）。至於不要油膩膩的，是因為有些油豆皮太過油膩，就算沖了熱水也去不掉油，吃起來有一股油耗味，這種也不行。這倒是從外觀就一目瞭然。便宜貨，嗯，這一看價格就知道。由於豆皮壽司不會加入其他材料，就靠油豆皮跟壽司飯的味道來決定，因此

這是我常買的油豆皮，不會太油膩，也蠻容易撕開的，不知道是否符合媽媽的標準（笑）。

千萬別吝嗇，就算貴一點也務必要用好吃的油豆皮。

前陣子我打電話回去問媽媽食譜時，終於忍不住跟她抱怨，「欸，那個『看起來好撕開的油豆皮』，用看的根本看不出來吧。」

「你認真看的話一定分得出來啦。嗯，看得出來啦。」媽媽還是很堅持。

事實上，油膩膩的油豆皮很容易看得出來。反正就是表面泛滿油光。但是好撕開的……老實說，真的很難分辨。因此，不如在買到覺得「很好撕開」的油豆皮時記下品牌。這麼一來大致上就不會差太多了。

萬一撕開時失敗了，也可以拿來做成紅燒菜。或是同樣煮得鹹鹹甜甜，切成方便吃的大小，然後拌到醋飯裡，就能做成「沒包起來的豆皮壽司」唷。

媽媽每次做豆皮壽司時都會做兩種。一種是將飯直接塞進油豆皮裡，另一種則是將油豆皮翻面反折後再塞入壽司飯。

現在想起來會覺得「反折之後只是看起來不一樣，其實兩種味道是相同的嘛。」但小時候我喜歡正常版的豆皮壽司，姐姐則喜歡翻面的版本。那時認為「兩種味道就是不一樣呀！」不過，現在兩種我都喜歡（笑）。說不定小時候的味覺比較敏銳呢。

把壽司內餡拌進飯裡也可以，放在上面也可以。拌進去比較容易吃，味道也會融合一體，但放在上面感覺比較華麗。看起來很好吃，就買回家了。

recipe 11

いなり寿司

豆皮壽司

材料（約12個）

●油豆皮　大約6片
日本的6片是台灣的12片。
在日本的8片之內都可以用同樣的調味料份量來做。
不過，湯汁變少的話，鍋子上下層的味道濃淡會有差別，
記得多攪拌。要是覺得麻煩，可以增加調味料的份量。

●調味料
醬油　3大匙（45毫升）
酒　50毫升
砂糖　40公克（日本的砂糖是1大匙＝9公克）
水　100毫升

●壽司飯
米　2杯

●A
醋　3大匙
砂糖　1大匙
鹽　略多於0.5小匙（2.5公克）

●炒香的白芝麻　2大匙

tips

★我參考了很多食譜，許多都會用高湯來代替水，
或是把油豆皮煮得甜一點，
不過，我們要做的是一般家庭的豆皮壽司。
為了能夠簡單做，不使用高湯而用水，
降低甜味可以吃起來更清爽。
但也可以依個人喜好使用高湯或增加砂糖用量。

★我在冬天做豆皮壽司時
會削一點柚子皮，拌入壽司飯裡，
吃起來更清新，風味豐富。
不過，我沒有在台灣看過日本柚子，
各位可以試試看檸檬皮。
在香氣上雖然不若柚子鮮明，也很不錯。
台灣還有更多柑橘類水果，多方嘗試一定很有趣。

作法

1 煮壽司飯。比一般白飯少一成的水量，
電子鍋如果有壽司飯模式可以直接設定。

2 油豆皮對半切。
使用台灣的油豆皮要稍微把邊邊切掉，
翻成口袋狀之後用熱水先燙過去油，擰乾水分。

3 將調味料全部加到鍋子裡，
煮沸後加入步驟2的油豆皮。

4 加熱到再次沸騰時，蓋上落蓋，
用稍強的小火到中火持續煮20至25分鐘。
加熱時記得將鍋子裡的油豆皮翻面、上下調換，
以保持口味一致。
用落蓋的理由是讓湯汁對流（即使湯汁少），
讓材料整體能夠入味。
油豆皮數量多時水分蒸發得很快，記得要隨時確認。
湯汁一旦快收乾就調整成小火或加水。

5 關火之後靜置放涼。
一定要浸泡在湯汁裡放涼，這麼一來油豆皮才會入味。
放涼之後稍微擰掉湯汁。
擰得太乾不好吃，但若是留下過多湯汁，
吃起來不方便，口味也會太重。
可以用雙手夾住油豆皮，
稍微按壓到不會有湯汁再滲出的程度。

6 將壽司飯的材料A攪拌均勻，淋到煮好的白飯上，
用翻切的方式攪拌。

7 將步驟6拌好的壽司飯分成兩半，
其中一半撒入白芝麻。

8 將步驟5的一半油豆皮翻面反折。

9 翻面反折的油豆皮裡塞入撒了芝麻的壽司飯，
正常版的油豆皮則塞入沒有撒芝麻的壽司飯。
這時候在手上沾點煮油豆皮的湯汁，
一來可以讓飯粒不黏手，二來壽司飯會稍微有些味道，
這是我媽媽做豆皮壽司的小訣竅。

紅豆湯

我從小體質就虛冷。每年一到冬天就冷得好難受，指尖會長凍瘡，手指腳趾腫脹，像鱈魚子一樣，還癢到受不了……

我念的小學離家很遠，得走半小時才會到。冬天冷的時候（覺得小時候的東京比現在來得冷，也比較常下雪），放學要走三十分鐘回家，全身根本已經冷得像冰棒。

而且不知道為什麼，那時候小學的教育方針跟現在不太一樣，崇尚「忍耐就是美德」吧。

比方說，跑馬拉松的過程中要是喝水容易引起側腹疼痛，所以規定不能喝水（現在這樣會有家長馬上衝來申訴說是虐待吧！而且這個理論根本是錯的）。

那個時代推崇穿得少的孩子。搞不懂有孩子竟然在寒冬中還穿著T恤跟短褲。因此，我們家有一套「兩件半」的規則。內衣不在此限，兩件就是襯衫、外套，另外半件是針織背心。要是下雪或特別冷的時候，針織背心就換成長袖毛衣。總之，兒童就要像風的孩子，基本上穿得都不多。不過，我並沒有特別跟上這股風潮。

當年又不能像現在這樣整天暖暖包用不停。這又喚起我的回憶。以前暖暖包還有電視廣告呢。我曾經好奇想用用看，還拿零用錢買過。

跟朋友約好早上跑馬拉松的時候，冬天早晨實在太冷，就想用用看。不過，印象中當年的價格大概是一個一百日圓。（上網查了一下，現在是三十個一千日圓！）

對小學生來說，一個一百日圓真的滿貴的。不過，一打開之後過了十二個小時就不熱了（印象中），開封需要很大的勇氣呀……結果，我始終沒拿出來用，等到真正用的時候已經是春天了。當年還有這段不堪回首的記憶。

總之，我想強調的是小時候東京的冬天好冷啊！這時候，媽媽就會煮紅豆湯讓我暖身子。

長大之後，有段時間很努力瘦身，媽媽還做了低糖版的紅豆湯。由於紅豆本身就有甜味，就算只加一點點砂糖，依舊能感受到甜味。

這裡也想提一下關於禦寒保暖的食材，讓身體擺脫虛冷的食物（暖身的食物）有哪些呢？

說起東方醫學（漢方、中醫），台灣的讀者應該都比我懂得多，這次換個角度，從營養學方面來看，可暖身的營養成分有擴張血管的維他命E、將氧氣運送到全身的鐵質、幫助吸收鐵質的維他命C，辣椒（辣椒素）或薑（生薑醇）等含有暖身的成分，也很推薦。

維他命E的話，有堅果、豆類，以及青花魚、鮭魚、鰻魚等海鮮，還有南瓜、酪梨等；維他命C則有柑橘類、草莓等。鐵質當然首推內臟，

紅豆不加砂糖煮到軟，小狗也可以吃，Tinker和Moomin都很喜歡。

還有鰹魚和沙丁魚等。辣椒、薑、蔥、大蒜等辛香料都能溫暖身體。

話說回來，有一點要特別注意的是，雖然橘子富含維他命C，但吃太多也會造成身體虛冷。所以，要熱熱的吃才可以暖身。在日本，有「烤橘子」的吃法，就是將整顆橘子燒烤之後吃，做成焗烤水果也不錯。

另外像是薑，常溫下富含能讓身體表面暖和的薑油，加熱後會產生大量生薑醇。沖成熱薑茶飲用，能讓體質溫熱，全身從裡到外暖起來！

即使是同一種食材，也會因為在不同狀態下攝取，而對身體產生各種效果。

薑是很好的暖身禦寒食材，
生薑切片曬乾後加水熬煮，
可以釋出較多具暖身功效的成分「薑烯酚」。
濾掉薑片後加入暖身效果也很好的黑糖做成薑糖汁，
可以加入氣泡水，當作薑汁汽水喝，
但我都加到熱水中一起喝。
因為沒有咖啡因，
所以睡前喝也不會睡不著，很不錯喔。

紅豆點心

「**汁粉**」（oshiruko，おしるこ）與「**善哉**」（zenzai，ぜんざい）這兩種都是紅豆點心，卻不相同。

而且，在日本關東及關西地區對這兩種點心的認知和稱呼也不一樣。

在關東地區，有湯汁且無顆粒的紅豆湯叫「汁粉」，有顆粒的是「鄉下紅豆湯」（田舍汁粉）。湯汁少、整碗黏稠的是「善哉」。至於關西地區，有湯汁且有整顆紅豆的是「善哉」，有湯汁加紅豆泥的是「汁粉」。因為我跟父母都是關東人，所以不管有沒有顆粒，我們都叫作「汁粉」（紅豆湯）。（由於眾說紛紜，光是這樣也未必是正確答案。）

紅豆湯不管是熱熱的加入年糕，或是冰冰的加入湯圓一起吃，都很好吃。

紅豆湯

おしるこ

材料（方便製作的份量）

●乾燥紅豆　250公克

●砂糖　120至200公克

我自己做會加200公克，
但台灣人都不愛太甜，可能120公克就夠了。
建議最好一邊試味道調整到自己喜愛的甜度。

●鹽　0.2小匙左右

這裡的鹽分很重要。
調整到雖然整體口味是甜的，但帶點微微鹹味。
光吃紅豆的時候，沒有鹹味也很好吃；
但如果要搭配麻糬，有點鹹味會好吃很多。

●水　適量

●麻糬　適量

作法

1 紅豆清洗乾淨。

2 在鍋子裡裝入大量的水，
放入步驟1的紅豆用大火加熱。

3 在步驟2煮沸之後，將紅豆撈起來，
把鍋子裡的熱水倒掉。

4 將步驟3撈起來的紅豆放進鍋子裡，
加水到水位大約比紅豆高3公分後加熱。

5 將步驟4加熱到沸騰後調整成小火，
將紅豆燉煮到軟爛。過程中記得撈掉浮泡雜質。
要煮到紅豆可以用手指輕易捏得軟爛，
所需時間因紅豆種類而易，但大約是1小時。

6 紅豆煮軟後加入砂糖和鹽，再燉個10分鐘左右關火。

7 放涼之後（藉由放涼讓甜味滲進紅豆裡）再次加熱。

8 將步驟7盛到碗裡，加一塊烤麻糬即完成。
用烤箱或是在瓦斯爐上架烤網放上年糕，
烤到年糕膨起、表面微焦就可以了。

湯豆腐

坦白說，我以前很討厭「湯豆腐」。嗯，說「討厭」可能有點誇張啦。現在倒是很喜歡，不過年輕時對湯豆腐沒什麼好感。一看到湯豆腐上桌，就會跟媽媽抱怨，「唉唷！怎麼又是湯豆腐啦?!」真的是很討人厭的小孩。媽媽對不起。

年輕時不免在意異性的眼光。不過說起來，其他同性女孩子的嚴苛批評更讓人患得患失。「敦子，你是不是胖了啊？」沒錯，聽到這句話讓我決定瘦身。

當時我對飲食方面沒什麼知識，單純認為瘦身就是少攝取熱量。我腦袋裡盤算著，豆腐100公克大約50至70大卡，雖然不是高熱量，但瘦身期間每天能攝取的熱量有限，自然不想吃像豆腐這類沒什麼個性，沒什麼味道，而且又廉價的食物（苦笑）。

無知真可怕。其實豆腐的原料黃豆是植物性蛋白質中吸收率最好的，大豆異黃酮可補充女性荷爾蒙，對皮膚也很好……此外，鍋類料理一次可以吃到大量蔬菜，蔬菜熟食也不會造成身體虛冷（身體暖起來，新陳代謝也會提升），再也沒有比這個更理想的瘦身菜色啦。（年輕時的我真是個傻妹。）

現在連豆腐也是自己做，比外面賣的好吃喔。

順帶一提，在京都高級餐廳裡吃到的「湯豆腐」大概只有豆腐和青蔥……非常簡單。不過，我們家的湯豆腐習慣加很多料，有雞肉，還有鱈魚這類的白肉魚和很多蔬菜。吃的時候沾著市售椪醋，口味清爽。椪醋裡再加蘿蔔泥就更能促進消化吸收（蘿蔔中含有澱粉酶），另外加點薑泥，還可以讓身體暖和。

如果有讀者想要瘦身，我推薦一定要試試「湯豆腐瘦身餐」。

豆腐的種類

豆腐大致分成兩種：木棉豆腐，以及絹豆腐。

木棉豆腐在製作時會將已凝固的豆腐放在鋪有棉布的框架中，擰乾水分，因此豆腐表面會印著棉布纖維的圖案，所以叫作木棉豆腐。換句話說，就是水分較少、口感較硬的豆腐。類似台灣的板豆腐。

絹豆腐因為沒有瀝掉水分，吃起來口感滑嫩，也就是台灣平常說的嫩豆腐。

可依照個人喜好使用。

另一種日本最近很受歡迎的朧豆腐，則是在豆漿中加入鹽滷之類的凝固劑，引起化學反應，呈現半凝固的狀態。

湯豆腐

湯豆腐

材料（直徑21公分的鑄鐵鍋可做2人份）

- 昆布　約5×10公分
- 水　800毫升左右
- 雞肉　½片左右，個人喜好的份量
- 鱈魚　2片（約150公克）左右，個人喜好的份量
  沒有鱈魚的話，其他白肉魚也可以。
  要是沒有魚，也可以加蝦、蟹、蛤蜊等海鮮。
- 白菜　⅛顆左右，個人喜好的份量
  （台灣白菜的話¼顆）
- 長蔥　1根左右，個人喜好的份量
  （台灣青蔥的話7至8根）
- 蔬菜　水菜、小松菜、菠菜，
  或是菇類等個人喜愛的食材適量
- 豆腐　1塊左右，個人喜好的份量
- 椪醋　隨個人喜好

沾醬佐料（依個人喜好）

- 蘿蔔泥
- 薑泥
- 七味辣椒粉
- 柚子胡椒
- 辣油、辣醬等

湯豆腐

作法

1 在鍋子裡裝入標示份量的水，
並將昆布事先放在水裡浸泡2至3小時。
最好是前一天晚上就準備，但我在台灣做菜時，
每次泡昆布高湯都比較快就能完成。
沒時間的話也可以只泡1個小時。
如果前一天晚上就開始浸泡，記得把整鍋水放進冰箱。

2 雞肉、鱈魚切成方便食用的大小，先用熱水淋過，
再以清水洗掉污血。
不介意的話也可以跳過這個步驟。
蔬菜和豆腐也切成方便食用的大小。

3 將步驟1加熱到昆布開始冒泡泡（大約攝氏60度）
就可以把昆布撈起來。
昆布不撈起來也無所謂，不過因為占空間，
而且之後溶在湯裡，湯會變得混濁，看起來不乾淨，
所以要撈起來。

4 步驟3煮沸之後，加入步驟2的雞肉、鱈魚及蔬菜。

5 撈掉湯表面的浮泡雜質。

6 豆腐等到要吃之前才下鍋。
這一點請務必遵守！豆腐在「煮花」這個階段最美味。
所謂「煮花」，指的是湯品或燉煮料理
在剛沸騰時味道最棒的狀態。
豆腐的話，指的就是熱度剛進入豆腐內的那一瞬間。
吃鍋的時候，偶爾席間會有那種很雞婆，
擅自不斷把食材丟進鍋子裡的人，也不顧其他人吃的速度，
一個勁地下豆腐，讓人無法品嘗到
豆腐在「煮花」的最佳狀態。
遇到這種人，爸爸經常會氣得大吼：「不要再丟啦！」
自己要吃的豆腐最好由自己算準時間下鍋，比較放心。

7 在椪醋裡加入喜歡的沾醬佐料，沾著一起吃。
我媽媽最推薦在椪醋裡加蘿蔔泥和薑泥。
不過，前陣子我加了台灣友人品牌的辣醬，
做成「偽麻辣鍋」，也很好吃耶！

麵疙瘩

我得了流感。

活到快五十歲從來沒得過流感，頭一遭的流感讓我感受到全身痠痛，頭痛欲裂，以及極度倦怠，真的好難受。

結婚之後我想過一件事，「萬一我生病了誰要做飯啊？」我先生人非常好，就是不會準備三餐。而且，好像就算身體不太舒服也絲毫不影響食慾。

有一次，我跟先生聊到，「小時候每次生病，爸媽就會讓小孩吃喜歡的東西對吧？」

我：「我啊，就知道生病的時候爸媽會讓我予取予求，所以會吵著要吃哈密瓜跟很貴的冰淇淋。」

先生：「我呢，是吵著吃沙丁魚。」

我：「為什麼選沙丁魚？」

先生：「因為我愛吃呀。」

聽我婆婆說，「對呀。有一次他發高燒，很不舒服，還說想吃沙丁魚。結果我還去拜託鄰居太太分我一點。沒想到他雖然發燒，看到沙丁魚還是吃光光。」

沙丁魚我也滿喜歡的，不過，發高燒臥病在床的時候，我一點都不想吃油脂豐厚的沙丁魚呀……

因此，這次流感當我說「什麼都吃不下啦」的時候，先生的回應是：「不行啦。不吃東西會沒精神。不然我去幫你買個炸豬排？」都發燒了還炸豬排……怎麼吃得下啦！

回來講我的娘家。從小除了肚子痛之外，真的每次生病要求什麼，爸媽都會讓我吃。不過，當身體虛弱時，真正想吃的就是稀飯跟麵疙瘩。

稀飯相信大家都很熟悉，但麵疙瘩或許有些人不太知道？麵疙瘩是麵粉加了蛋、水攪拌而成，放進煮烏龍麵用的醬油高湯裡煮。裡頭的配料有蔬菜、肉，更好的是可以讓全身暖起來，最推薦在初期感冒時吃。而且，作法非常簡單。只要有個念頭「好想吃麵疙瘩……」，大概十分鐘後就有得吃。使用的材料也都是手邊經常會有的。

直到現在，有時候臨時回到娘家，媽媽說：「你突然跑回來，沒東西吃哦。」我聽了回答：「哦，不要緊。可以做一碗麵疙瘩嗎？」差不多十分鐘後，媽媽就可以將麵疙瘩端上桌。

雖然我身體算是滿強健，真的很少臥病，但還是忍不住心想，「得在下次生病之前教會先生做麵疙瘩……」

recipe 14

麵疙瘩

すいとん

材料（2人份）

- 水　400毫升
- 酒　50毫升

　看起來會覺得量很多，但因為沒特別使用高湯，多加點酒會比較好吃。
　記得不要用料理酒，因為裡頭含鹽，請用一般的日本酒。

- 砂糖　5公克（約0.5大匙）
- 醬油　22.5毫升（1.5大匙）

配料

- 豬肉片　40公克
- 魚板　40公克
- 菠菜　40公克
- 長蔥（台灣青蔥）　40公克
- 紅蘿蔔　40公克

麵疙瘩

- 低筋麵粉　100公克
- 鹽　2小撮

　我媽媽做的時候不加，但她用的湯底口味比較重。
　我的湯底稍微淡一點，麵疙瘩有點鹹味比較好吃。

- 蛋　1顆
- 水　60公克左右

事前準備

1 肉片、魚板切成方便食用的大小，
菠菜切成3至5公分長段，長蔥斜切成片，
台灣青蔥的話切成3公分左右的長段。
紅蘿蔔削皮，切成厚3公釐的四分之一圓片。

2 低筋麵粉裡加鹽拌勻，再加入蛋和水攪拌。
這個階段的狀況會影響成品口味。
水分一多，就不容易捏出麵疙瘩的外形，
而是很濃稠的麵粉液。
這麼一來，外觀上不好看，
但容易入味比較好吃（是我個人喜好）。
水分較少時容易成形，
但完整塊狀下鍋加熱會變硬，就不容易入味了。

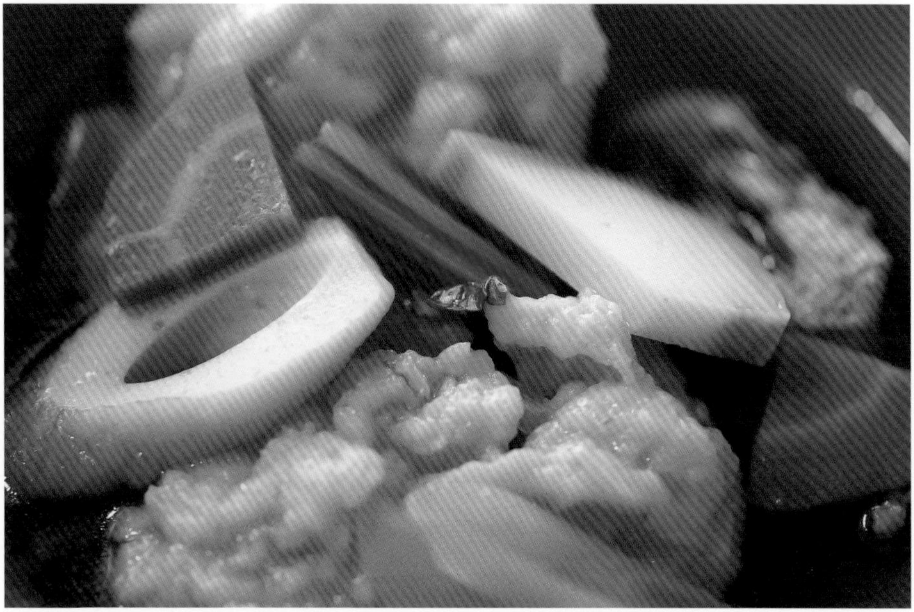

作法

1 鍋子裡倒入水、酒，再加入紅蘿蔔、長蔥、豬肉煮到滾。煮沸之後撈掉浮泡雜質。

2 加入砂糖和醬油用小火煮，等到紅蘿蔔變軟後加入魚板。

3 加入魚板煮沸後，就可以加入麵疙瘩。

4 將火調成小火，蓋上鍋蓋，麵疙瘩煮熟凝固之後即完成。

奶油煮秋葵

小時候，我們家沒有吃秋葵的習慣。

第一次看到秋葵的時候，覺得「這種蔬菜好奇怪哦，表面長滿了毛。切下去黏黏的，還會從裡頭掉出圓圓的籽。」不過，聽說秋葵對身體很好，而且有助於瘦身，那這樣只好吃吃看嘍。於是我拜託媽媽做給我吃。

媽媽也從來沒接觸過這種蔬菜，聽說她還問了蔬果店的老闆太太，請教對方。

秋葵原產於非洲，因此夏天是產季，據說有解熱的功效。至於黏糊糊的特性，則是能保護腸胃黏膜。

秋葵表面上刺刺的細毛代表很新鮮，選購時記得用這個當標準。長得太大的比較沒味道，而且纖維硬，不好吃。聽說這些都是蔬果店的人告訴媽媽的。

小時候很不熟悉的秋葵，近來成了我們家餐桌上常出現的蔬菜。

炎熱的夏天，把汆燙好的秋葵切碎後，拌入納豆和山藥，攪拌得黏糊糊、黏到不行之後，放在冰冰涼涼的豆腐上，最後滴幾滴醬油拌著吃，實在太棒！而且營養豐富，即使沒有食慾時也可以呼嚕呼嚕大口吃。

還有啊，秋葵的切口也很可愛吧。因此，在有兒童聚會的場合用來當作散壽司的配料也很適合，裝盤起來的模樣就好像一閃一閃的小星星，加在沙拉裡看起來就變得特別時髦有型。

雖然秋葵是這麼厲害的超級蔬菜，我在結婚後有好一陣子只會用奶油燉煮的方式端上餐桌。因為這是母親第一次做給我們吃的秋葵料理，在我結婚之前也只吃過這種作法。這可算是我的秋葵料理原點，請各位試試看。話說回來，這道菜稱不上是主菜，很推薦搭配燒烤的肉類！黏稠的成分可以保護腸胃，促進消化酵素作用，不僅口味，營養上也能跟肉類達到均衡！

山藥與秋葵的黏呼呼口感不只好吃，更是對身體很好的食材。夏天來點醋拌小菜能讓味蕾清爽，食慾大開！

recipe 15

オクラのグラッセ

奶油煮秋葵

材料（容易製作的量，2至4人份）

- ●秋葵　10根
（約100公克，台灣的秋葵比較小，可能需要20根左右）
- ●奶油　0.5大匙
- ●砂糖　1大匙
- ●鹽　適量
- ●水　100毫升

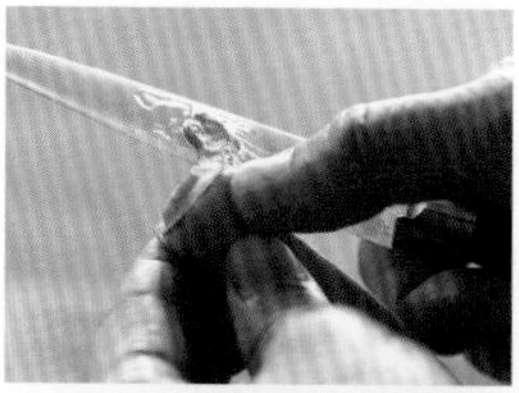

作法

1 秋葵迅速清洗一下，用刀子把靠近蒂頭的稜角邊緣切除。撒點鹽放在砧板上來回搓滾一下，磨掉外皮的絨毛，然後把鹽和表面的髒污沖洗乾淨。

2 把奶油放入鍋子或平底鍋裡，加熱融化之後加入秋葵，稍微搖晃平底鍋輕炒。

3 加入鹽、砂糖、水，邊炒邊悶煮，等湯汁收到一半左右就可以關火盛盤。

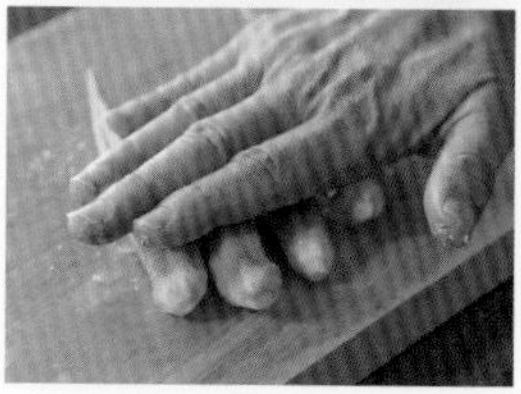

THREE

季節料理

時蔬燉肉

這也是過去我瘦身時吃的料理。
那個年紀覺得外表比好好吃飯更重要，爸媽看在眼裡應該很擔心吧。
現在我到了為人父母的歲數，不免反省當年的行為，真的很糟糕啊！

當年跟朋友聊天時經常會講到，「爸媽就是這樣，體重明明沒變卻問『咦？你是不是瘦了啊？』然後胖的時候說『根本沒變呀，維持下去就好。』真的很討厭，我就是想再瘦一點呀！煩耶。」現在懂得這就是天下父母心啊。站在爸媽的角度，漂亮的外表都不如身體健康來得重要。

過去我曾嘗試過對身體非常不好的瘦身方法，就是「只吃〇〇」這種單一飲食的瘦身法。最常做的就是只吃蘋果……規則就是：只吃蘋果，但不限數量。

開始實施之前充滿鬥志，還很雀躍地買了許多不同種類的蘋果。雖然規定「蘋果吃幾個都沒問題」，但一開始覺得美味的清脆口感，逐漸變成又脆又硬，嚼得好累，到最後連看到蘋果都反胃。

嘴裡咬著硬硬的蘋果，口腔好不舒服……一整天維持這樣的飲食，的確會瘦下來，體重明顯下滑。但這樣對身體一定不好啊。而且，下滑的體重很快就會恢復。

在我家有了毛小孩（狗狗 Tinker & Moomin）之後，我也能充分瞭解為人父母的心情。看到孩子身體狀況不好時，真的會打從心裡覺得，不如自己受苦還好一些。話雖如此，兩隻狗狗都不懂得我的心，還是只顧著吃他們愛吃的……

不過，我小時候面對父母也認為「我就是想變瘦、變漂亮呀！你們怎麼都不懂！」我想，現在 Tinker 和 Moomin 一定也會想，「我們就是想吃愛吃的嘛，媽媽都不懂我們！」

孩子不懂父母心，父母也搞不懂孩子，所謂代溝就是這麼一回事吧。

當年媽媽為了一心想控制體重的我想到的就是蔬菜燉湯。

她告訴我，「這道湯以蔬菜為主，所以熱量不高。喝湯可以讓身體暖起來，提升新陳代謝，對瘦身很有幫助。」看起來就好吃，加上媽媽說了「不會胖」，因此這道燉湯就成了我的心頭好。

媽媽的用心最後勝利了。

如何挑選這道菜使用的蔬菜

只要是燉煮之後好吃的蔬菜都可以加進去。這次雖然沒用到，但根莖類的白蘿蔔和蓮藕都是很好的材料。

recipe 16

時蔬燉肉

ポトフー

材料（約4.7公升大鍋的份量）

- 牛肉塊　300公克
  喜歡的部位即可。
  建議燉煮起來好吃的部位，
  像是肋條、牛腱、牛肩肉、牛肩里肌肉等。
- 豬肉塊　300公克
  也是喜歡的部位即可。豬肩肉、豬肩里肌、豬五花等。
- 水…1.8公升
- 白酒　200毫升
  用白酒會有點淡淡酸味很爽口，
  不喜歡的話可以換成日本酒或水。
- 紅蘿蔔　150公克左右的2根
- 洋蔥　200公克左右的2顆
- 馬鈴薯　250公克左右的2顆
  （最好用不容易煮碎的品種）
- 高麗菜　½至¼顆
- 芹菜　1根
- 荷蘭芹莖　4至5根
- 月桂葉　1片
- 醬油　1大匙左右
- 蜂蜜　1大匙左右
  媽媽使用高湯塊，但我盡量不想用合成調味料，
  所以用醬油和蜂蜜來添加鮮甜。
  用醬油的話，顏色會稍微深一點，
  不喜歡的人可以改用高湯塊，或是鹽麴等增添鹹味和鮮味。
- 鹽、胡椒　適量

搭配的佐料

- 黑胡椒、粗鹽、芥末籽醬　適量

事前準備

1 肉類先抹上重量百分之三的鹽，用保鮮膜包緊之後放在冰箱靜置一晚。烹煮之前將表面的血漬和鹽洗乾淨。

2 紅蘿蔔、馬鈴薯、洋蔥都削皮。如果太大的話也可以切塊，但不切開整個燉煮才不容易煮碎，建議煮好之後要分食時才切開。

作法

1 在鍋子裡加入肉類、芹菜葉、月桂葉、荷蘭芹莖，加入水和白酒煮到沸騰，撈掉雜質浮泡後調成小火，保持沸騰下燉煮1小時，煮到肉軟爛得可以用竹籤刺穿。

2 撈掉芹菜葉、荷蘭芹莖和月桂葉，加入醬油、蜂蜜，接著加入洋蔥和紅蘿蔔燉煮30分鐘左右，再加入馬鈴薯、高麗菜燉煮30分鐘，最後用鹽、胡椒調味即完成。

有時間的話煮好先放一下，讓食材入味。放涼之後等到要吃時再加熱，味道會更好。

tips

★肉類最好一次加兩種，味道更有層次。但也可以只用豬肉600公克、牛肉600公克或雞肉600公克。用雞肉的話，可以不用事先鹽漬。

★肉也可以使用培根、香腸之類。不過我喜歡自己鹽漬肉類，口味清爽不膩。

青椒鑲肉

小時候我好討厭這道菜。

各位應該也是吧，小時候很討厭的食物，長大之後卻想不透，「為什麼當年這麼討厭呢？」是因為成長之後口味變了嗎？成了大人的口味嗎？

為什麼我討厭這道菜呢？因為實在很怕青椒那股特殊的氣味。

不過，容我為小時候的自己辯解一下，如果要選出日本兒童討厭的蔬菜，我想青椒一定在前三名吧。

那股特殊的氣味，就算拿起生青椒咬一口，也完全沒什麼水潤感，而且嘴巴裡會一直殘留那股味道……（對不起，各位生產青椒的農家。但現在我非常愛吃青椒唷！）

話雖如此，家裡的餐桌上仍然經常出現這道菜。

因為，大我一歲的姊姊非常愛吃。倒不是兩姊妹之中媽媽特別疼姊姊，而是她非常挑食，而且很不愛吃蔬菜。不過，她只吃這道菜（我姊姊超愛吃肉，而她唯一喜歡的蔬菜就是青椒）。換句話說，媽媽是為了讓姊姊多吃點蔬菜，才很勤做這道菜。（只是說起來，裡頭也只有青椒跟洋蔥兩種蔬菜呀……）

當時我是個不太懂得表達自我、我行我素的孩子。

對有興趣的事情很堅持，但若不太在乎的事情，我就認為「要是自己忍耐一下就能讓事情圓滿，那就這樣吧！」

班上總會有一、兩個這種人吧？平常不太顯眼，甚至大家都搞不清楚有沒有這個人，但遇到某些狀況就突然意見很多。我就是這種小孩。

這種個性在面對食物時大概是這樣，「喜歡吃的說什麼也不讓給其他人，甚至連別人的份都吃掉。討厭的食物如果忍著吃掉沒什麼問題的話，就會想辦法吃掉。」話說回來，也可能我單純只是個貪吃鬼啦（笑）。

說起來，這可能是我第一次向媽媽坦承，「其實啊，小時候我真的很怕看到這道菜啊。」

話說這次跟媽媽一起做這道菜，讓我深深感受到「時代變遷」。

媽媽做的青椒鑲肉會用茄汁慢燉，其實看了媽媽過去的食譜，只是用「番茄醬」調出茄汁口味。

因為我小時候（大概30年前），「整顆番茄罐頭」在日本的一般家庭尚未普及。倒是現在到任何超市都能輕鬆買到番茄罐頭了。我小時候可沒有（或者是罕見的高級品）。

這次跟媽媽討論之後，我們決定調整食譜，改用整顆番茄來做。

好久沒吃到的這道「青椒鑲肉」，讓我覺得「好好吃」、「真懷念」。

看來我的口味似乎已經完全是個成熟的大人了呢。

小時候罕見的整顆番茄罐頭，現在很容易買到了。

recipe 17

ピーマンの肉詰め

青椒鑲肉

材料（4至5人份）

- 薑泥　0.5小匙
- 水或鮮奶　約能蓋過麵包粉的量（2至3大匙）
- 麵包粉　3大匙（大約10公克）

其實我母親的食譜裡沒加麵包粉。
不過她用的是日本牛肉和豬肉，如果用的是澳洲或美國牛肉，
肉質比較硬，加入吸水的麵包粉可以讓口感變軟。
因此我的食譜中都會加一點。
沒有麵包粉的話，可以加約2大匙的太白粉。
雖然比用麵包粉會來得稍硬一些，還是能夠代替使用。

- 洋蔥　1顆（200公克左右）
- 混合絞肉　300公克

也可依個人喜好用100%的牛肉。
我媽媽好像偶爾會用全牛肉來做。
不過台灣牛肉似乎水分比較多，用牛豬各半的比例比較好做。

- 太白粉　0.5大匙
- 蛋　1顆
- 蒜泥　0.5小匙
- 青椒　10個左右（大小會有差別）

如果青椒跟絞肉的比例沒抓好，可以調整青椒的數量，
或是多的絞肉做成小肉丸一起燉煮，也很好吃哦。

- 奶油　約1大匙
- 培根　4片

（大約80公克至100公克，
如果不加高湯塊的話就用100公克）

- 水　300毫升

（如果不想加高湯塊的話，可以把一半的水改成加紅酒）

- 整顆番茄罐頭　150公克
- 番茄醬　1大匙多一點
- 高湯塊　1塊

（不想用的話可以另外用培根或是紅酒來增加鮮味）

- 醬油　適量
- 蜂蜜　適量
- 鹽　適量
- 胡椒粉　適量

事前準備

1 磨薑泥。

2 用水或鮮奶將麵包粉泡軟。
洋蔥切成細末備用。

日本的青椒體積比較小，重量一個約35至40公克，如果買台灣的青椒，請調整和絞肉的比例。

作法

1 在調理盆裡加入混合絞肉、太白粉、泡軟的麵包粉、一半份量的洋蔥末、蛋，和少許胡椒粉、少許鹽（適當的用量大約是肉的重量0.5%），攪拌到黏稠。

2 把青椒的蒂頭切掉，將裡面的籽去除乾淨，青椒內側撒點太白粉，作為裡面塞肉的黏著劑使用。

3 將步驟1的絞肉塞到步驟2的青椒裡。

4 取一只厚鍋子，加入奶油，用小火炒切成1公分的培根，及一半份量的洋蔥末。

5 等洋蔥末炒到透明之後，放入步驟3的青椒，陸續加入水、罐頭番茄，用大火煮滾。

6 如果出現雜質浮泡就輕輕撈掉，接著加入番茄醬、高湯塊，蓋上落蓋，用較弱的中火慢燉。

7 燉煮到青椒表皮變皺，醬汁收到不到一半時，淋一點醬油即完成。

tips

★放到隔天入味之後更好吃。
★加點喜歡的香草（奧勒岡、荷蘭芹、羅勒或是百里香等），滋味會更豐富。
不過，我媽媽那一代的人幾乎不太熟悉香草類，因此母親的食譜中並沒使用。
★加到絞肉裡的洋蔥末，先用奶油炒過放涼之後再加入也很好吃。加入生洋蔥可以多點口感；加入炒過的洋蔥則口味濃郁，多點香甜。
★塞入絞肉時盡量往裡頭塞，會比較好吃。如果用手不方便的話，用湯匙或叉子的後端，或是用細一點的棒子會比較好塞進去。
★最後淋一點醬油提味，就會變成很下飯的番茄醬汁。

醋拌夏蔬冷盤

我喜歡帶有酸味的食物。

「今天沒什麼食慾，不想吃白飯啊！」就算心裡這麼想，但如果把白飯做成醋飯，加點生魚片，就會讓我改變心意，「多少吃一點好了……」。

尤其每到夏天，總會食慾不振。天氣熱的時候，很容易想吃冰涼的冰淇淋，或是爽口的冷豆腐、日式麵線之類，然後一下子就覺得「飽了！這樣就夠。」

不過，要是有點酸味，或許是腸胃受到刺激，就會讓人心想「吃一點吧！」順便提一下，有時候熱到我連涼麵線都不想吃的時候，還會把沾醬換成「椪醋」來吃呢。

因此，夏天等於帶有酸味的食物。這是我個人的固定模式。

另外，我也常做西式醃菜（Pickle）。

蔬菜買回來之後趁著味道跟營養價值還沒走下坡趕緊調理，這是基本原則（不過這只是大方向，少數蔬菜會刻意放一陣子等待完熟）。

因此，夏天買了蔬菜之後我多半會做成醋拌菜或西式醃菜。

茄子的產季是從夏天到秋天，因為可以讓身體變涼、是適合夏天的食物。新鮮的水茄，可以用手撕開，淺漬之後，苦澀味很少，但水分很多！

講到酸味，當然會想到醋。我稍微研究了一下。

——有益健康的說法

醋中含有檸檬酸，據說可以讓血液清澈，消除疲勞。此外，醋酸據說還能幫助身體吸收鈣質。

——讓食物不易腐壞的說法

仔細想想，將青花魚、沙丁魚浸泡在醋裡頭的確可以讓魚肉不易腐壞，延長保存。此外，以前念書的時候媽媽也說過，在便當裡的飯上淋一點醋去蒸，比較不容易壞。2杯米大概加1小匙醋，這樣的比例無論在香氣或口味上都沒什麼影響。

——讓食材變軟的說法

長時間燉肉時，加點醋可以讓肉質變軟嫩；小魚炸好之後泡在加了醋的醬汁裡，會連魚骨都變軟，到時候整隻小魚帶骨都可以吃。不知道是不是這個原因，小時候常聽人家說，「喝醋可以讓筋骨變得柔軟，可以像芭蕾舞者那樣拉筋劈腿。」所以我就拚命喝。不過，現在快五十歲了還是一身硬骨頭，看來是沒什麼效果。

暫且別管我那些笨挑戰了，重點是……醋實在太厲害了吧！怎麼有這麼棒的調味料呢！對了，其實醋也有促進食慾（帶有酸味的香氣會促進唾液與

胃液分泌）的作用。

不知道是不是因為這樣，每到夏天媽媽就會做「醋拌夏蔬冷盤」。所以，一講到夏天媽媽的味道，就讓我立刻聯想到這道菜。

材料不多，麻煩的只有油炸這個步驟，其他就是把食材陸續加入調好的調味料理即可。這道菜放一天會比剛做好的時候好吃，記得要在吃的前一天先做。

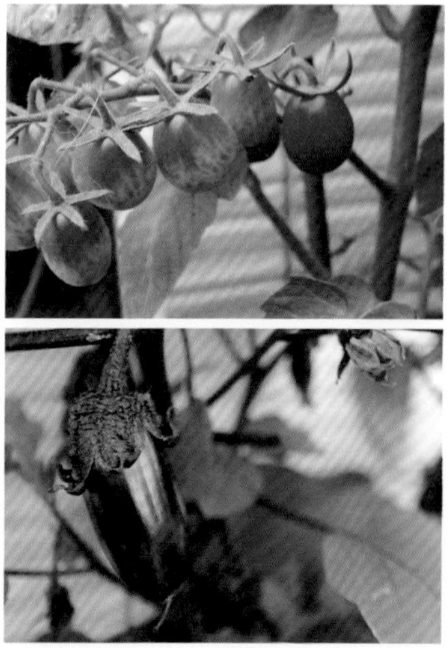

我媽媽就住在附近，在她家的陽台，種了茄子與番茄，長得很好喔！到了夏天收成，就能做成好吃又開胃的醋拌蔬菜。

醋拌夏蔬冷盤

夏野菜のマリネ

材料（4至5人份）

- 四季豆　約100公克
- 洋蔥（大）　1顆（約200至250公克）
- 豬肉片　250公克
- 番茄　1至2顆（約150至200公克）
- 鹽、胡椒、麵粉　適量
- 炸油　適量
- 調味液
  - 醋　75毫升（5大匙）
  - 醬油　2.5大匙
  - 砂糖　1小匙（也可以不加）

事前準備

1 四季豆去掉粗纖維（筋），要是沒有粗纖維，摘掉頭尾較硬的部分就好，切成方便吃的長度。

2 將調味液的材料混合均勻，倒入大調理盆。

作法

1 洋蔥沿著垂直於纖維的方向順紋切成薄片，靜置超過15分鐘。

藉由靜置接觸到空氣氧化後，洋蔥辛辣的成分就會散掉。雖然也可以泡水，但其中二烯丙基硫醚這種讓血液清澈的成分會溶於水而流失。

2 在豬肉片上撒點鹽和胡椒。

3 平底鍋裡加入稍多的油（大約油鍋高度1至2公分），開火熱油。

4 清炸四季豆，瀝乾油之後趁熱放進調好的調味液裡。

5 在步驟2的肉片撒上薄薄一層麵粉，用炸過四季豆的油再迅速炸一遍。炸好之後瀝掉油，趁熱放進步驟4的調味液，比較容易入味。

6 將步驟1切片的洋蔥薄片放入調味液，充分拌勻。就這樣靜置一晚。過程中記得翻拌2至3次。

7 番茄剝皮，切成一口大小，加入步驟6中拌一下，浸泡約30分鐘後試一下味道，再用鹽和胡椒調整。

媽媽告訴我這道食譜時提醒，
「加番茄會很好吃，但容易碎掉。」所以最後才加。
如果不在乎番茄碎掉，就是喜歡這個口味的話，
在步驟5加了洋蔥之後加入番茄。

tips

★肉要炸到什麼程度？據母親說是炸到「乾乾脆脆」。
炸到這種程度，肉質雖然有點硬，
但多了油炸的風味，更加有深度。
如果不要炸這麼久，肉質會比較軟嫩。
這一點就看個人喜好，自行選擇了。

★我也嘗試過用旗魚（白肉魚）來代替肉類做這道菜。
我先生認為，「魚的版本比較好吃。」
這也因人而異，可根據個人喜好挑選。
使用白肉魚的話，就切成一口大小，
用鹽跟胡椒調味，然後撒點麵粉下油鍋酥炸。

豌豆炊飯

豌豆是很多人不喜歡的蔬菜。

我猜原因很可能是罐頭豌豆不好吃。因此，講到豌豆，一般印象都是在炒飯或其他炒菜中因為「配色好看」才加入。

我有個朋友很討厭豌豆，而且他可以在吃東西的時候很巧妙地將豌豆單獨挑出來，一頓飯吃完之後旁邊多了一座綠色豌豆小山。「手也太巧了吧！」能做到這種程度也讓我佩服。

小時候我對豌豆的感覺是，「不特別好吃，但也不難吃。顏色挺漂亮，吃起來帶點罐頭味。」不過，在我二十五歲左右時，媽媽開始經常煮「豌豆飯」。

這個豌豆怎麼這麼好吃！問了媽媽才知道，「因為我用的不是罐頭，而是新鮮的豌豆唷。」

豌豆在日本的產季是「初夏」。

每年一入夏，就會在內心期待著，「又到了吃豌豆飯的季節啊！」

某年春天，我要結婚了。五月提親之後，對方（就是我先生）為了商量婚禮種種事宜來到我娘家。

媽媽特別張羅，準備大展身手，「我要來做豌豆飯！」這是媽媽的心意，她想讓多年來一個人生活的先生嘗嘗初夏的美味。

回想起來，當時先生的笑容好像有點僵硬……

婚後我們夫妻倆一起去採買，我問他：「你有什麼不吃的嗎？」

「沒有特別不吃的，但不怎麼喜歡豆類。」

「咦？但你來我們家的時候，不是吃了我媽做的豌豆飯嗎？」我這麼一問，他說：「你媽做得這麼辛苦，我怎麼可以不吃嘛！我才不想討人厭咧！」原來是這麼回事。

直到現在，這段小插曲在我娘家成了趣事。「真是抱歉，雖說不知者不罪，但他還是忍耐著都吃掉了嘛！」而且當初媽媽還因為來者是客，特別在先生那碗裡添了好多豌豆（笑）。

真可惜，因為先生不喜歡，我在家裡幾乎沒做過這一道料理。但現在寫下來又突然好想吃喔！豌豆炊飯。

圓滾滾的飽滿豌豆，帶著淡淡的鹹味……啊，真想吃。

回娘家時請媽媽做給我吃，然後要她教我怎麼做，下次有朋友來就做這道炊飯吧。

認識豆類

豆類含有豐富的膳食纖維。此外，各種顏色的豆類還有不同的養分與功效。

白色豆類（白腎豆）

——鈣質豐富。

綠色豆類（豌豆）

——含有豐富的維他命A與B1。

紅色豆類（大紅豆、紅豌豆、紅豆）

——含有皂素（可去除血液中多餘的脂肪）及維他命B1。

黑色豆類（黑豆）

——富含花青素（有效緩解眼睛疲勞並具抗氧化作用）。

黃色豆類（黃豆）

——有豐富蛋白質。

此外，我想建議熟齡的女性多吃豆類，因為豆類含有大量的異黃酮，尤其是黃豆。異黃酮可以舒緩女性的更年期的種種不適。

豌豆炊飯

グリーンピースの
炊き込みご飯

材料（4人份）

- ●米　2杯
- ●煮豆水　2杯（依照電子鍋上的標示即可）
- ●豌豆（剝皮之後）　8分滿至1杯（約100至130公克，依喜好調整。）
- ●酒　1大匙
- ●昆布　5×5公分左右
- ●鹽　不到1小匙

tips

★雖然有點麻煩，不過豌豆另外煮的話顏色比較漂亮。如果怕麻煩，把所有材料加進去（豌豆就用生的），按下煮飯鍵也可以。

★母親說，不要買已經剝好皮的豌豆，自己剝皮的好吃得多。

事前準備

在300毫升的水中加0.5小匙的鹽（標示的份量內）煮沸之後，加入豌豆煮到喜歡的硬度（大約2分鐘）。關火之後靜置放涼。湯汁不要倒掉，用來煮飯。

作法

1 米洗好之後撈起來，靜置約10分鐘瀝乾水分。

2 把米放到電子鍋裡，加入煮豆水（份量不夠的話再加水）、酒，以及剩下的鹽，稍微拌一下，放上昆布後煮飯。

3 煮好後拿掉昆布，加入豌豆再翻拌一下。

牡蠣巧達湯

每到冬天，就常常要媽媽做牡蠣巧達湯。

第一次吃到時的感想大概是「嗯？」

其實我第一次吃到牡蠣就是因為這道湯。對小孩子來說，牡蠣是屬於「大人的味道」。現在會覺得牡蠣「帶著一股海味，好鮮美啊！」但小孩子吃起來就認為「腥腥臭臭的」、「內臟好苦，而且還是奇怪的綠色，好噁心」。看到我不怎麼想吃，媽媽說，「至少把湯喝了吧！」

有一次，媽媽跟我說：「吃牡蠣對舌頭很好，你快吃。」

我猜她是從電視或書上看到，人體要是缺乏牡蠣中含有的鋅，就會導致味覺異常。聽媽媽這麼說，我這個貪吃鬼心想，「那我得多吃牡蠣了。我才不想味覺出問題呢！」之後就拚命吃。

食物呢，就算多少有些怪味道，但常吃之後就會慢慢適應，甚至養成習慣，愈來愈喜歡。各位也有類似的經驗嗎？

一開始是為了「舌頭的營養」而吃，但現在不管是炸牡蠣、生蠔，我都好愛！

我也很喜歡台灣的牡蠣哦！我吃到蚵仔煎的時候，看到台灣的牡蠣這麼小顆，嚇了一跳。牡蠣在不同地方，大小也不一樣呢。

前一陣子跟媽媽學做這道湯時想到，「為什麼小時候我們家一講到牡蠣都先想到牡蠣巧達湯啊？」媽媽回答：「嗯，這個嘛。因為做成湯的話還可以加蔬菜，營養比較均衡嘛。你想想，你們小時候我很忙啊，做油炸料理不是很麻煩嗎？」

媽媽經常參考雜誌或報紙上刊登的食譜，自行調整試作。最近可能因為老花眼，視力變得比較差（看小字好像很吃力），幾乎都轉向收看電視上的烹飪節目了。我們住得很近，大概每兩天會碰一次面，她都會告訴我，「昨天我在電視上看到了……」。

不過，比起好吃的食譜，母女倆這陣子聊的比較多的都是有益健康的菜色。

雖然氣味有些特殊，但切點荷蘭芹細末撒在湯上會變得更好吃。冬天天氣冷的時候來一碗，全身都暖了起來，建議搭配一些蔬菜。

要是買到鮮美的牡蠣，請務必試著做看看喔！

recipe 20

牡蠣巧達湯

牡蠣のチャウダー

材料（6人份）

● 紅蘿蔔　100公克

● 馬鈴薯　150至200公克

● 洋蔥　150至200公克

● 牡蠣　300公克

在日本會把煮食與生食用的分開賣。做這道菜請買煮食用的。
生食專用的牡蠣加熱後很容易縮小，記得不要加熱過頭。
生食用的牡蠣是在沒有被細菌污染的限定海域養殖的，
出貨前二至三天會用乾淨的海水讓他們吐沙淨化，
雖然比較安全，但淨化時無法取得營養，可能較不肥美。
煮食用的牡蠣沒有上述規定，
因此鮮味比較濃厚，這種的也比較便宜。

● 培根　90公克

● 白酒　約30毫升

我母親好像都用日本酒，我改用白酒。

● 水　300至400公克

● 橄欖油　適量

媽媽的食譜用的是沙拉油。我平常多半用橄欖油，
比較好吃也比較健康。

● 高湯塊　1塊

不想用高湯塊的話，可以用1大匙味噌代替。
雖然口味有點日式，顏色也會偏褐色，但非常好吃。

● 罐頭玉米醬　300至400公克

如果不用玉米醬罐頭，
可以把玉米削成粒，用食物調理機打成濃稠狀。

● 鮮奶　300至400公克

● 鹽　適量

● 胡椒　適量

● 奶油　適量

● 荷蘭芹　適量

建議一定要加。
我一定會加，所以家人一看到廚房裡有荷蘭芹，
就會聯想到「今天有牡蠣巧達湯啊！」。

事前準備

1 紅蘿蔔、馬鈴薯切成不到1公分的小丁，洋蔥切成不到1公分的細末備用。

2 如果用的是整塊培根，就切成不到1公分的小丁；使用片狀的話就切成1公分的條狀。

3 牡蠣放進調理盆，倒入蘿蔔泥輕輕攪拌，再加水清洗乾淨。可以去除髒污，保留牡蠣的鮮味。也可以用太白粉或麵粉取代蘿蔔泥來清洗。

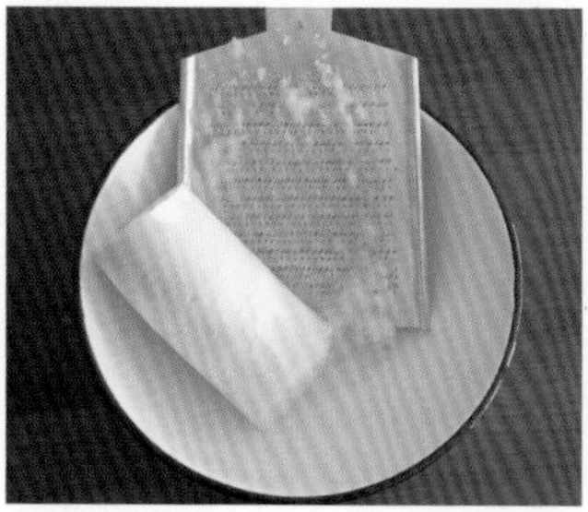

作法

1 將牡蠣放進平底鍋，淋上白酒加熱，用邊炒邊煮的方式煮熟，湯汁也一起留下來。

在這個步驟即使沒完全煮熟，之後還會加到湯裡煮到沸騰，不用擔心。倒是若煮得過熟，鮮味整個釋放出來會讓牡蠣變得不好吃。最理想是煮到八分熟。

2 取一只鍋子加入洋蔥，用橄欖油炒到軟。

3 加入馬鈴薯、紅蘿蔔、培根，仔細拌炒。

4 在步驟3加水煮沸，稍微將浮泡雜質撈掉，然後加入高湯塊。

5 加入玉米醬、鮮奶，再將牡蠣連湯汁一起加入煮沸。

6 用鹽、胡椒調味，最後加入奶油增添濃醇風味。

7 要吃之前記得撒上一大把切碎的荷蘭芹細末。

花枝與毛豆炸餅

各位有什麼暑假的回憶嗎？

現在遇到家裡有小孩的朋友，幾乎聽到的都是「好辛苦啊！每天都要做三餐。」仔細想想，我小時候每年暑假媽媽就這樣過大概一個半月耶（日本的暑假大多是一個半月），真是太感謝她了。

不過，這樣的辛苦也是現在才懂得，當年根本不知道呀。

夏天的午飯通常會有炒麵（日式醬炒麵）、麵線、烏龍麵，以及沒有粒粒分明（媽媽做的，沒辦法像專業廚師那樣炒得粒粒分明）而是很紮實的炒飯，而且不知為何還加了竹輪。

麵線出現的次數還滿多的，因為簡單方便，就算夏天胃口不好時也吃得下。但差不多到暑假過一半的時候，就覺得吃膩了……

「媽媽~中午要吃什麼？」

「麵線啊。」

「咦~~~又是麵線哦？」

不時會有這種對話。

想想全世界的媽媽真是辛苦。

黃色豆莢的是一般的毛豆，茶色豆莢的是黑皮毛豆，裡面的豆子是綠色的。一般人不吃黑皮毛豆，會直接乾燥做成和果子或是年節料理。

我們認養了一小塊田地種毛豆，所以兩種顏色的毛豆我們都會吃。

冷凍毛豆雖然方便，但是自己煮過剝皮的毛豆比較好吃，我家狗狗也喜歡。

話說回來，我們家的小狗Tinker雖然不會說「媽媽，怎麼又吃這個？」但如果給她吃不喜歡的食物，她雖然還是吃進嘴裡，但會馬上吐出來……（笑）

至於Tinker不喜歡的食物，是生鮮芹菜，和沒有沾橄欖油的萵苣。

話題再回到麵線。為了吃膩麵線的女兒，媽媽絞盡腦汁，做其他的菜色來配麵線，努力試圖讓女兒肯吃飯。

其中最有夏季特色，而且我們全家人都喜歡的就是花枝與毛豆炸餅。爸爸其實比較喜歡蠶豆，沒那麼愛毛豆。但不知道為什麼，每次做成炸餅他都會吃很多。

姊姊很討厭海鮮，卻對花枝情有獨鍾。其實把毛豆換成蠶豆也好吃，但我跟姊姊更喜歡毛豆。因此，媽媽經常做這道炸餅給我們吃。

前陣子聊起這件事，「我跟你說啊，那道炸餅因為花枝含的水分多，下鍋一炸，油會濺得很兇。其實我真的很不愛做啊！」沒想到竟然是這樣！讓我再次體會，媽媽為了這個家，真的很努力，也犧牲了很多啊。

花枝與毛豆炸餅

イカと枝豆のかき揚げ

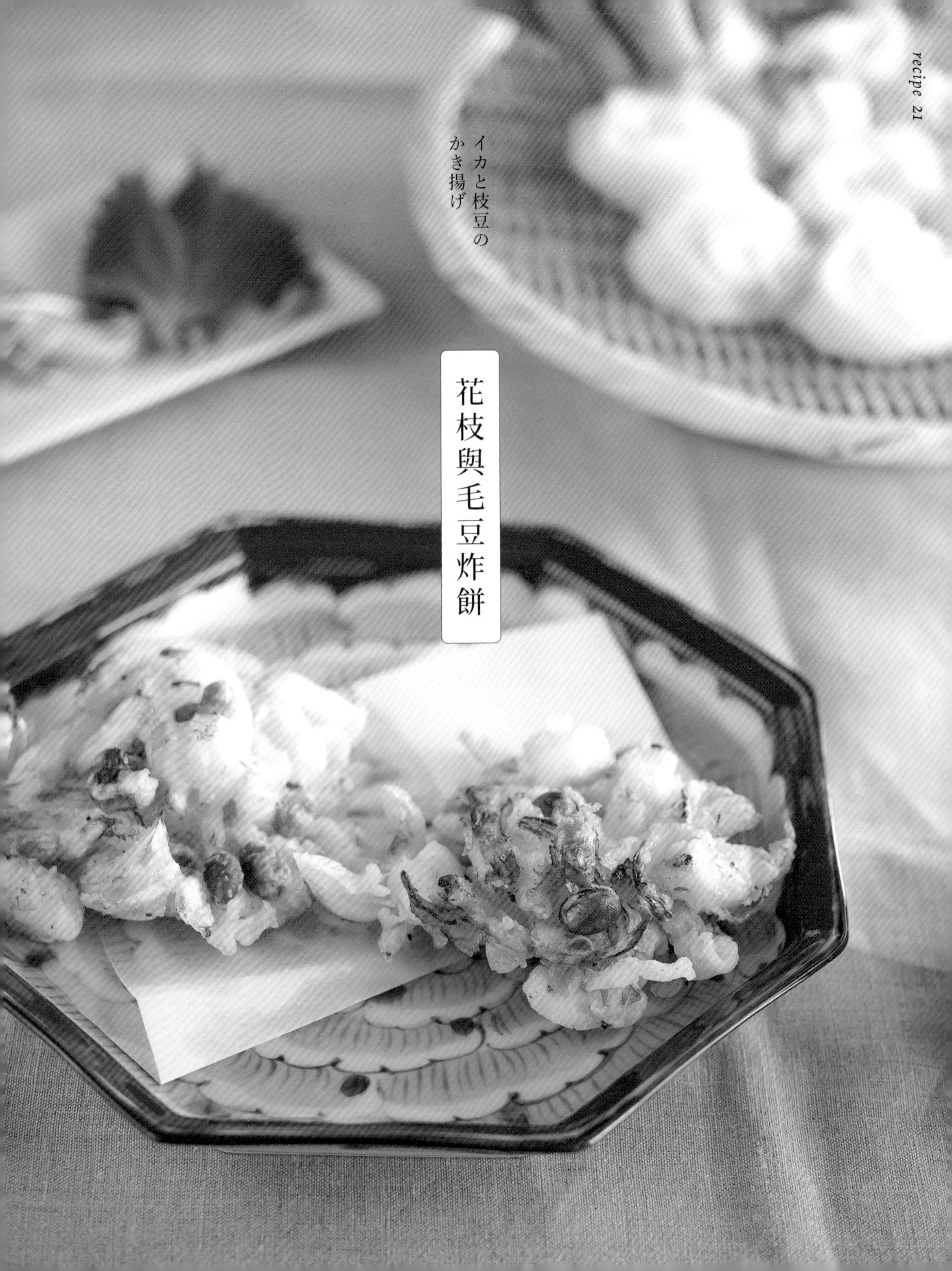

材料（4至5人份）

- 花枝　100至150公克
- 帶莢毛豆　100至150公克
- 洋蔥　200公克（約1顆）
- 麵粉　約2大匙

麵衣（好記的量）

- 低筋麵粉　約100公克
- 蛋　½顆
- 水　約180至200毫升

只要記得低筋麵粉和蛋加水（液體）等比例。
也就是1杯粉（約100公克）配1杯蛋液加水。

作法

1 花枝切成1×2公分的小片狀。

2 從豆莢剝出毛豆，洋蔥切成片狀，最粗的部分大約1公分。

3 在步驟1和2撒上麵粉（2大匙不夠的話就再加一點）。記得要讓食材完全沾滿麵粉。

4 把麵衣材料倒入步驟3中拌勻。輕輕拌勻即可，不要攪拌到黏稠。

5 取一只深平底鍋，倒入3公分左右的油，加熱到攝氏180度。

花枝汆燙一下，這樣下鍋時油就不會噴濺。不怕熱油噴濺的話，可以省略這個步驟。

6 把拌勻的步驟4放到網狀的大湯勺（沒有的話就用一般大湯勺），保持外型完整，輕輕放入炸油裡。

這裡要注意的是，30秒之內都不要碰，一碰炸餅就會破掉。

7 油炸30秒之後，炸餅下方固定了，再翻面炸1分至1分半鐘至呈金黃色，把油瀝乾就完成。

麵線

1 麵線依照包裝上的說明煮好之後，用水沖洗到冷卻就可以盛盤上桌。

麵線沾醬

麵線沾醬調配比例基本上是高湯5：醬油1：味醂1

1 在鍋子裡倒入味醂和醬油，煮沸後讓酒精成分揮發，再加入高湯即完成。

如果覺得準備高湯很麻煩，直接用高湯粉也可以。只是高湯粉通常都含鹽，要記得調整鹹味。

味噌燒青花魚

睽違已久，前幾天終於吃到媽媽做的味噌燒青花魚。

我媽做的菜基本上走重口味的下飯路線，或者可說是下酒路線（總之就是重口味）。那天我也吃了一大碗飯（笑）。

晚飯後我跟媽媽聊天講到，「現在剛好是青花魚的產季耶。天氣一冷，青花魚的油脂跟著肥厚，更好吃了耶。下次可以做鹽烤口味。」媽媽聽了大驚，「什麼？青花魚用鹽烤？很腥耶，我才不敢吃咧。我真的很怕青花魚耶！是因為有味噌蓋過腥味（味噌有遮蔽氣味的作用）才勉強敢吃。」媽媽的這個祕密，我還是頭一次聽到。

「不可以挑食！全部要吃光光！」我從小常因為這樣惹媽媽生氣。於是我誤以為媽媽完全不挑食。不過，長大之後懂得仔細觀察就發現，「咦？有很多東西媽媽只是假裝吃了，其實根本沒吃吧！」

最近瞭解得愈來愈多，感受也很深，「世界上沒有完美的父母！」話說回來，這也很正常吧。

不過，大家小時候都會覺得「我媽媽最完美」吧？然而，因為不完美，當然也會挑食（笑）。

跟媽媽說起這件事，她立刻反駁。「做成味噌燒魚我就吃了呀，又不是不吃，有什麼關係。」

看到青花魚只吃味噌燒魚一味的媽媽，我後來教她可以做龍田揚*。我做的龍田揚，是魚舖老闆教我的。

每次我跟魚舖老闆說：「我要做成龍田揚。」請魚舖把青花魚切成一、兩口的大小，對方就會幫我切好。當然，自己回家切成方便吃的大小也可以。將青花魚塊用醬油、酒、薑泥、蒜泥醃幾個小時，擦乾水分沾上太白粉下鍋油炸。

如果買到的青花魚不夠肥美，建議用這種方法調理。此外，怕青花魚腥味的人，說不定這樣就敢吃了？

味噌燒青花魚和青花魚龍田揚都可以嘗試做做看。

至於要做成哪種口味呢？猶豫不決時的選擇方式，就看買到的青花魚狀態。油脂豐厚的就做味噌燒魚，油脂較少的話就做龍田揚！

更簡單來說，夏天常見到的青花魚多半是「花腹鯖」這個種類，油脂相對較少，我覺得適合做成龍田揚。而且配啤酒剛剛好！

冬天則多為「白腹鯖」，也就是日文裡常看到的「真鯖」，油脂含量較多，所以做成味噌燒魚好吃一些。很適合搭日本酒。

話說回來，每條魚的油脂分布還是有差異，以上選擇方式只是參考！

譯註　龍田揚是指食材先用醬油醃過再裹太白粉油炸的作法。

味噌燒青花魚

サバの味噌煮

材料（4人份）

- 青花魚 4片（400至500公克）
- 薑片 10公克
- 酒 50毫升
- 水 100至120毫升
- 醬油 0.5小匙
- 砂糖 3大匙
- 味噌 2大匙（每種味噌鹽分含量不同，請自行調整）
- 醃梅子 2至3顆
- 醬汁
  - 砂糖 約1.5大匙
  - 味噌 約1大匙

事前準備

1 在魚皮上劃幾刀。

2 燒一鍋熱水，將青花魚放進鍋子裡5秒左右後取出，泡進盛有冷水的調理盆裡，把髒污和血漬清洗乾淨。多了這個步驟就能去除魚腥味。

作法

1 取一只較深的平底鍋或大鍋子，將幾片青花魚以魚皮朝上平鋪入鍋，不要重疊。

2 撒上薑片，加入酒、水後用中火煮到沸騰，撈掉浮泡雜質後再加入醬油、砂糖、醃梅子。

3 用烘焙紙當作落蓋蓋上，以小火燉煮約7分鐘。

把烘焙紙剪成比鍋子小一點的圓形，在上面戳幾個洞，像落蓋一樣覆在湯汁上，能讓魚塊均勻吸收醬汁，加速入味，煮好後還能保持魚肉完整，不會鬆散開來。

4 加入味噌化開，煮沸之後關火。

5 取出青花魚。在剩下的湯汁裡加入做醬汁用的味噌和砂糖，用小火燉煮。

6 最後等味噌化開，將醬汁淋在青花魚上，讓魚更入味。

recipe 22.5

サバの竜田揚げ

青花魚龍田揚

材料（4人份）

- ●青花魚　1尾（250至300公克）
- ●醃料A
  - 酒　1大匙
  - 醬油　略少於1.5大匙
  - 蜂蜜　略多於0.5小匙
  - 薑泥　1小匙
  - 蒜泥　1小匙
- ●太白粉　適量
- ●檸檬汁　隨個人喜好

作法

1　青花魚切成一口大小，用廚房紙巾擦乾水分，用A混合的調味料醃漬。

2　放進冰箱4至5小時（醃一個晚上更入味）醃漬入味。

3　將步驟2放在篩子上瀝掉水分後，撒上太白粉，用攝氏160至170的熱油炸。

4　吃的時候可依照個人喜好淋點檸檬汁。

關東煮

提到關東煮，可能有人認為「很簡單呀！只要把喜歡的食材全都丟進高湯裡燉煮就好了吧？」其實我在親自做過之前也這麼覺得。倒不是需要什麼高深的技巧，但就是非常麻煩。

怎麼個麻煩法呢？就是所有材料都要個別汆燙過之後再用高湯去燉。而且費了好一番工夫，感覺卻是非常樸實的一道料理。話說回來，的確好吃，我自己也很喜歡。

因此，有些感覺注重表面的客人來家裡時，我就不會想做關東煮。但這道料理卻很適合一群知心好友來訪時，一群人邊吃邊聊。

根據某個「家庭鍋類料理調查」報告，針對「喜歡的鍋類料理？」提問，「關東煮」從二〇〇五到二〇一六年都蟬聯冠軍！

在我娘家，每到冬天，餐桌上就經常出現關東煮。

對於關東煮的口味，人人喜好都不同，但我喜歡相對入味的（我們家的人都這樣），因此媽媽習慣前一天先做好，或是要吃的當天早上就做。

這裡提出一個做菜的基本概念。做燉煮料理時，與其用小火持續慢燉，不如放涼一陣子讓食材先入味。也就是說，將煮到熱騰騰的食物刻意放涼一會兒，待食材入味，要吃之前再加熱。

家裡每個人都有自己鍾情的食材，姊姊喜歡竹輪麩＊，我喜歡蛋，爸爸和媽媽最愛的是蘿蔔。

姊姊喜歡竹輪麩是因為軟Q的口感，爸媽愛蘿蔔是因為「蘿蔔吸收了所有食材的美味精華」。

至於關東煮裡頭的蛋，小時候家裡習慣加的是鵪鶉蛋。有一次在學校跟朋友聊到關東煮裡的蛋好好吃哦，聽到同學說「我們家加的不是鵪鶉蛋，是大顆的雞蛋耶！」聽了讓我好生羨慕，回到家立刻拜託媽媽，「下次做關東煮的時候要加雞蛋哦！」我猜媽媽也嚇了一大跳吧。小孩放學回到家的第一句話竟然就說這個……（笑）

我家的關東煮在食材上可能沒什麼特別之處，不過因為是用醬油調味，相對上口味比較重，顏色也深，屬於偏咖啡色（外觀看起來不是很美）的關東煮。

或許不是雞蛋跟鵪鶉蛋的差別，但每個家庭習慣加入的關東煮食材應該都各有特色。

至於我家媽媽的關東煮，就我看來應該算是非常保守且尋常的類型。

編按 麵粉與水混和，將麵糰裡的蛋白質洗出後便成「麩」，竹輪麩是做成竹輪樣子的麩，作法類似台灣的麵筋，但口感不一樣。台灣可以買得到。

關東煮

おでん

材料（4至5人份）

- 一般的昆布柴魚高湯　2公升以上
  用直徑26公分、高11公分的鍋子來做。
  我會用相較於平常製作高湯兩倍量的昆布。
  因為關東煮的高湯希望昆布的味道重一點。
- 醬油　50毫升以上
- 酒　50毫升以上
- 鹽　1小匙以上（5公克）
- 砂糖　1.5小匙以上（8公克）

關東煮食材

- 蘿蔔　4塊（切成2.5公分厚的圓片）
- 馬鈴薯　小顆的話4顆，大顆的話2顆
  （盡量挑不容易煮碎的品種）
- 蛋　4顆
- 厚片狀的蒟蒻　150至200公克
- 花枝　150至200公克
- 喜愛的魚漿製品　依喜好的份量
  （竹輪、丸子、蟹肉棒、魚糕、魚板等）
- 魚漿片（半平）　大片1片

油豆皮福袋

- 油豆皮　日本的長方形油豆腐2片
  （台灣的正方形油豆腐就4片）
- 豬肉（薄肉片或絞肉）　50公克
- 蒟蒻絲　60公克
- 銀杏　8顆左右
- 高麗菜絲　60公克
- 洋蔥絲　20公克

事前處理

1 蘿蔔削皮之後將邊緣削平，燙熟且維持有點硬度。

2 馬鈴薯先削皮，如果要用一整顆就先放著，如是要切開，就切成適當大小，將邊緣削平之後燙熟但維持硬度。

3 蛋煮熟之後剝殼。

4 蒟蒻切成8公釐的厚度，在正中央劃一刀後將一端往內塞入翻出，重複幾次，捲成扭結狀，汆燙備用。

5 蒟蒻絲（油豆皮福袋用）汆燙備用。

6 各種魚漿製品中，油炸的先淋熱水去油，沒有炸過的就切成方便吃的大小。

作法

1 將高湯倒進鍋子裡。製作高湯時用的昆布可以切成適當大小綁成海帶結當作關東煮裡的配料。

2 高湯裡加入醬油、酒、鹽、砂糖等調味料，魚漿製品含有鹽分，因此一開始調味先淡一點。加熱到沸騰。調整火侯，保持稍微沸騰的狀態。

3 花枝去除內臟，切成3公分左右的圈狀，加入步驟2中。

4 加入蒟蒻、魚漿製品。魚漿製品可以在這時加入，也可以在步驟5和馬鈴薯一起加入。接著加入油豆皮福袋、水煮蛋和蘿蔔。

5 加入馬鈴薯，煮沸之後蓋上蓋子，關火靜置冷卻。

煮沸之後盡可能先放涼，比較容易讓食材入味。沒時間的話就調成小火慢燉5分鐘。

6 要吃之前才加入魚漿片，煮沸讓魚漿片熱透，吃的時候隨個人喜好加入芥末、七味粉、柚子胡椒。

（由上至下）蘿蔔削皮之後將切面的邊角削除，煮的時候比較不容易碎裂，可以保持蘿蔔外型完整；形狀像韁繩的蒟蒻捲；內容豐富的油豆皮福袋。

油豆皮福袋

1 油豆皮對半切開撕成袋狀。怕油膩的人可以先淋熱水去油。

2 把豬肉、蒟蒻絲、銀杏、高麗菜絲、洋蔥絲包進油豆皮福袋中，用牙籤封口。

關於關東煮

各位看了是不是覺得非常麻煩呢？我們家只有兩個人吃（毛孩是不能吃關東煮的），但每次一定會做這樣的份量，可以吃兩到三頓晚餐。

要說有什麼偷吃步的方法呢……

高湯——不介意的話可以用市售濃縮高湯（記得調整鹽分、糖分。直接使用口味會太重）。

馬鈴薯——不在乎煮碎的話，不用事先燙過直接加入。或者乾脆就別放馬鈴薯了。

油豆皮福袋——改做成麻糬福袋（在福袋裡放一小塊麻糬。很容易就煮軟，建議晚點再放）。

這麼一來，應該稍微輕鬆一點吧。

不過，我還是希望大家可以的話能夠好好做一鍋高湯！

魚漿製品早一點放的話，鮮味會融入高湯裡，湯汁會變得更好喝。不過，如果魚漿製品的鮮味融入高湯，魚漿製品本身就變得沒什麼味道。晚一點放魚漿製品的話，能保留魚漿製品本身的好味道，但湯就沒那麼鮮甜了。所以一開始做一鍋好高湯是很重要的。

每種魚漿製品所含的鹽分不同，所以高湯一開始做得淡一點（好喝，可以一口接一口的濃淡程度），最後試過味道再調整比較保險。

Four

異國風味料理

Photo by MAKOTO MYOGA

焗烤乳酪南瓜

據說日本女性很喜歡薯芋類、栗子跟南瓜。我也是，三種都好喜歡！

我先生嘴上雖然說「我其實不挑食啦，什麼都吃」，其實他比想像中來得偏食。我也沒想太多，沒想到有時候做的菜他就是不怎麼捧場。「你不喜歡啊？」就算我這麼問，他還是回答「不會呀。」結果卻剩下來沒吃完。久而久之，我也有所察覺，懂得他的習慣，也就是剩下來沒吃的等於不喜歡的食物。

我先生不喜歡的食物似乎有很多都是搭配在一起的。比方說，他喜歡鮮奶，也喜歡紅茶，卻不愛奶茶；清蒸地瓜他會吃，但地瓜味噌湯就不喝了。其他像是紅燒南瓜可以，南瓜布丁就不得他青睞。

總之，就是有點麻煩的人。

這次的主角南瓜，在我小時候好像只有以紅燒的方式出現在餐桌上。忽然想到，我曾經跟外婆爭論過燒南瓜的口味。外婆說：「燒南瓜口感綿密，湯汁只要加點鹽，淡淡的口味就很好吃嘍。」我卻認為「鬆軟香甜的南瓜要加醬油跟砂糖，做成重口味才好吃啦！」對吃相當有熱情的一家人，討論起來卻像平行線，沒有交集。

日本的南瓜採收期為七到八月，但是好吃的季節卻是九到十二月，也就是南瓜採收後放置二到三個月，味道與營養價值都會變更好。

但是請注意，「越放越好吃」是指一整顆南瓜喔。如果買的是切開的南瓜，要先把籽去掉（籽的部分容易發霉），再用保鮮膜密封避免乾燥，放冷藏保存。但還是儘早料理比較好。

現在回想起來，外婆說的應該是日本的南瓜，而我說的是現在市面上最常看到的西洋南瓜，也就是大家常聽到的栗子南瓜。不同的食材，適合的烹調方法也不同……難怪討論起來沒有交集啊。

西洋南瓜（栗子南瓜）是目前大家很熟悉的味道。香甜鬆軟，感覺像甜點一樣，非常好吃的南瓜品種。至於日本南瓜，甜味沒那麼明顯，水分較多。現在一般超市或是蔬果店，已經不太看得到日本南瓜了。

這次要介紹的菜色是焗烤乳酪南瓜。

想當年，我進入青春期，年少氣盛的我跟媽媽說：「燒南瓜這種菜感覺太老土啦！我不想吃！」結果媽媽說：「加點絞肉跟乳酪，就時髦多了吧？」於是做了這道菜。

南瓜真是一種萬用蔬菜。可以煮湯、做成可樂餅、沙拉都好好吃。甚至還能做甜點！不管是布丁、派或塔都非常美味。最近我最推薦的就是南瓜乳酪蛋糕吧！（不過我先生不喜歡南瓜做的甜點，所以只有先生不在，但有朋友來訪時才會做。）

南瓜的香甜和烤乳酪的鹹香搭起來真是絕配。吃之前記得撒上大量黑胡椒和荷蘭芹！

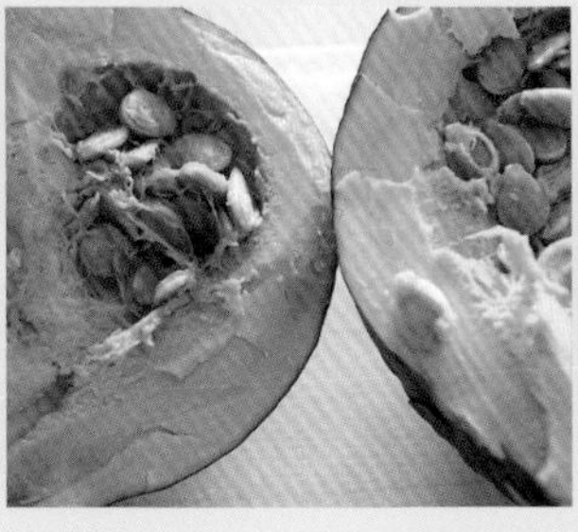

recipe 24

焗烤乳酪南瓜

かぼちゃの
チーズ焼き

材料（3至4人份）

- 南瓜　1/4顆（約400公克）
- 雞絞肉　100公克
- 美乃滋　80公克
- 日本酒　1大匙左右
- 熱熔乳酪　40公克
- 荷蘭芹　適量
- 黑胡椒　適量
- 鹽　適量

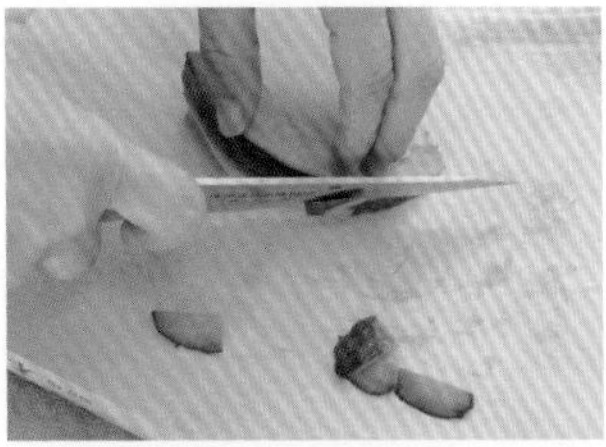

南瓜很硬，接觸砧板那一面如果不平，切的時候容易搖晃而切到手，所以要很小心！

作法

1 南瓜切成1.5至2公分厚，去籽，皮可以留下，但髒污的部分削掉。

2 把南瓜片鋪在耐熱容器裡。

3 將雞絞肉、美乃滋、酒拌勻之後淋在步驟2上。

4 最上方撒上乳酪，放進攝氏200至220度的烤箱中烤15分鐘左右。

5 竹籤可以輕鬆刺穿南瓜片即完成。

6 出爐後可依喜好撒點荷蘭芹細末，以及黑胡椒、鹽調味。

家裡如果有一台食物處理機，製作雞絞肉就很方便。

韓式烤肉

十幾年前，日本因為播映〈冬季戀歌〉這齣韓國電視劇，掀起了「韓流」。

講到韓國，就讓我想起一個女孩子。

當年我正好進入東京一間滿有名的烹飪專科學校——服部營養專門學校。我念的不是白天班，而是夜間班（當時我已經結婚，白天還得料理家務），同學中有粉領族，還有孩子已經大到一個年紀的年長媽媽……各個年齡層的人都有。

其中有個跟我很要好的同學，韓語講得很流利，長相也有點像韓國人，而且還在韓式餐廳打工。我問她：「你是韓國人嗎？」她呵呵笑著說：「經常有人這麼問，但我是日本人啦！」我第一次吃到「韓式家常菜」也是她請我吃的。

過去講到韓式料理，我腦子裡只會想到烤牛肉。

但那位同學告訴我，「韓國人也吃很多蔬菜」、「肉類的話，豬肉、雞肉都吃」、「其實韓國人還滿喜歡海鮮的」……讓我瞭解很多。

即使是烤牛肉，聽說也不是像日本燒烤餐廳經常看到那種切得厚厚的肉片，烤過之後沾醬吃，反倒「韓國烤肉」（bulgogi）才是最常見的。也就是薄牛肉片先醃過之後跟蔬菜一起烤，然後再用嫩莖萵苣葉和飯一起包著吃。

聽到同學說明時，我心想「啊！就是小時候每次在發薪日之前，我跟姊姊要是炒著要吃烤肉時，媽媽會去買一些便宜的薄肉片烤給我們吃呀！那個其實也是『韓國烤肉』嘛。」

當下就將這道料理取名為「韓式烤肉」。

做這道料理必備的就是皺葉萵苣。

我家從前在餐桌上並沒見過皺葉萵苣，據媽媽的說法，這種萵苣跟一般萵苣比起來沒那麼爽脆，而且帶點苦味不好吃。不過，這種萵苣特別適合搭烤肉，媽媽也說做這道烤肉一定少不了皺葉萵苣，因此務必要準備！包著白飯一起吃也很好吃唷！

我猜大概會有韓國讀者說：「這才不是韓國烤肉啦！」不過，我們家的韓式烤肉就是這個味道。

在日本一般超市裡不太找得到嫩莖萵苣，因此就用上面提到的皺葉萵苣來代替。也可以加入綠紫蘇、蘿蔔嬰，還有黃瓜絲一起包著吃。

這一道作法簡單的韓式烤肉，可以同時吃到蔬菜、肉類，營養均衡。各位一定要試試看。

韓式烤肉

韓国風焼き肉

材料（4人份）

●牛肉片　400公克

一般牛肉片，不挑部位。

在日本超市會有各部位整塊修下來的肉，比較便宜。用這種肉就可以。

●醬油　3大匙再多一點

再次重申，台灣的醬油口味偏甜，可依個人喜好調整用量。

●砂糖　2大匙

這點也一樣，台灣砂糖與日本砂糖1大匙的量不一樣，因為顆粒形狀不同。試一下味道，調整到稍微帶甜味，甜甜鹹鹹而且覺得「好吃」的味道。

●麻油　1大匙

●蔥花　3至4大匙

日本長蔥，用台灣青蔥也可以。

●蒜末　1至2瓣

●炒過的白芝麻　2大匙

●皺葉萵苣、綠紫蘇、蘿蔔嬰等喜歡的蔬菜　依個人喜好

作法

1 將牛肉放進調理盆裡，加入麻油攪拌均勻。

2 將其他材料全部倒入調理盆裡拌勻。

3 靜置醃漬5小時左右。

我問媽媽，「要是沒時間醃那麼久怎麼辦？」
她說：「那就多加點調味料。」
我自己沒這樣試過，但要是沒時間等這麼久的人，
可以嘗試多加點醬油和砂糖。

4 在平底鍋或是電烤盤上倒點油，就可以直接烤肉。
烤好用生菜包著吃。

tips

★搭配韓式辣醬、香味辣油
或其他辣醬等一起吃也好吃。

韭菜滑蛋

各位聽到韭菜時，會想到哪些菜色呢？

我在台灣吃到一道是韭菜花炒豆豉，不禁感嘆，哇，原來也有這樣的吃法呀。我覺得很好吃，每次到台灣必吃！而且這道菜的名字也很驚人，叫作「蒼蠅頭」!?

在日本（或說在東京？）講到韭菜料理，一般來說使用的就是韭菜而不會用韭菜花。

在我家，所謂韭菜料理不是剁碎了包進餃子裡，就是炒蛋，只有這兩種變化。

每次看到媽媽買了韭菜就能猜到「是要包餃子嗎？還是做韭菜滑蛋？」這道菜的好處就在於材料很少，三兩下很簡單就完成，又有營養。而且，非常下飯。

我覺得，媽媽經常在發現「哎呀，好像少一道菜」的時候會做這道菜。

前陣子我打電話給媽媽，「欸，跟我講作法啦。」

「嗯？作法？這哪有什麼特別的作法啊？」

「那材料的份量呢？」

「我真的都是憑感覺啦。」媽媽這麼說。

總之，我先問了需要的材料跟調理順序，然後就憑著自己記憶中的味道嘗試重現。

媽媽做的韭菜滑蛋，我大概在結婚之後已經有十年沒吃了，讓我有些擔心……

不過，味覺的記憶這東西說起來還挺可靠，我真的成功重現了這味道。現在回娘家時，媽媽都把我當成客人，餐桌上出現的也都是稍微豪華的宴客料理，但我認為這種家常菜才是真正媽媽的味道。

並不是費工的菜才是料理呀。

作法非常簡單，甚至有點覺得稱不上「食譜」。不過，要是覺得「好像還少一道菜」的時候，誠心推薦做做看。

台灣的讀者們有吃過「蒼蠅頭」嗎？好吃喔！

recipe 26

にらの卵とじ

韭菜滑蛋

材料（2至4人份）

- 韭菜　1把（110公克，用韭菜花我覺得也會很好吃）
- 蛋　大一點的2顆，小的話就3顆
- 鹽　2撮
- 柴魚片　1把（5根手指頭的指尖抓一把的份量。1至2公克）
- 水　3大匙
- 砂糖　2小匙
- 醬油　2小匙
- 白芝麻　依個人喜好

韭菜、韭黃、韭菜花

韭菜大致上分成三種。

一般來說，綠色的是韭菜，栽培過程中沒有照到陽光的是韭黃，帶有小花蕾的則是韭菜花。

在味道上也有差別。韭黃質地比較軟，帶有甜味；韭菜花有股溫和香氣，有淡淡甜味，口感比較脆。對日本人來說，印象中根深蒂固覺得一般綠色的韭菜香氣比較重，口感也比較輕脆。

韭菜一次用不完的時候，剩下的很容易壞掉。因此，我會切細之後稍微擦乾水分，以冷凍方式保存。

因為慢慢退冰會變得糊糊的，建議直接在冷凍狀態下跟其他蔬菜一起炒了吃。

事前準備

1 韭菜洗乾淨，切成3至4公分的長段。

2 在調理盆裡打蛋，加點鹽拌勻。
蛋白跟蛋黃稍微打散就好。
如果鹽沒有溶化，下鍋之前邊攪拌邊入鍋就行了。

3 把柴魚片放進標示份量的水中泡著。
講究一點的話，一開始就先做高湯，
不過這種作法其實也很好吃。
如果家裡有現成的高湯，直接用3大匙高湯。

作法

1 平底鍋裡加油熱鍋後，韭菜下鍋快炒。
真的要快，因為韭菜很快就熟了，
炒到太軟就不好吃。

2 在步驟1裡加入砂糖和醬油繼續炒，讓韭菜入味。

3 在步驟2裡加入水和柴魚片拌勻後滾一下。

4 等步驟3沸騰之後倒入蛋液，
幾秒鐘之後蓋上鍋蓋，關火。

5 等步驟4的蛋液變成半熟即完成。
蛋半熟才好吃，
不過要是有人不喜歡吃半熟蛋就加熱到全熟。

6 裝盤後依照個人喜好撒點白芝麻即可。

拿坡里義大利麵

在我念小學低年級的時候，有一次忘記是什麼原因，總之姊姊住院了。全家人都很緊張，媽媽帶著我（我才念小學低年級，總不能把我一個人放在家裡）和姊姊匆匆忙忙到了醫院，姊姊就直接住院了，媽媽必須留在醫院裡陪她。爸爸下班之後到醫院時已經有點晚了，而我隔天還要上學，因此爸爸帶著我，父女倆先回家。

我爸是典型的傳統日本父親。平常工作或是接待客戶到很晚，每天都是過十二點才回到家，從來沒在我們還沒睡的時間就回到家。就連週末假日，他也因為陪同客戶（搞不好只是去玩）打高爾夫球而出門，要不然就是瞇著一雙看不出究竟是睡還是醒的小眼睛（這倒是天生的沒辦法挑剔。笑）認真看著高爾夫球賽的電視轉播……

現在回想起來，很可能只是他不曉得該怎麼跟兩個女兒相處吧。

如今他已經是各方面都沒那麼靈光的老爺爺，面對Tinker（我們家可愛的毛小孩）熱情的接觸，雖然常常顯得不知所措，但他仍像父親一樣地疼愛Tinker，只是在我小時候並不常直接感受到爸爸的愛。

因為這樣，回想起小時候與父親在一起的記憶真的很少。不過，那次的事情我印象很深刻。

人在神經緊繃之下會連肚子餓都忘了。等到知道姊姊的病況沒什麼大礙，放心之下突然聽到肚子咕咕叫。

爸爸不會做菜，回到家裡什麼也沒有，倒也不是特別疼小孩，大概不是因為心想著「跟女兒一起開開心心吃頓飯！」可能是「怎麼辦呢？小孩子通常都吃什麼啊？總之到飯店一樓咖啡廳應該會有東西吃吧。要聊什麼呢？想不到話題耶。」我猜很可能是抱著這樣不安的心情吧。

我記得爸爸點了啤酒、披薩之類的餐點，我看著菜單猶豫了很久，「那就拿坡里義大利麵好了。」

那時候我還不知道「Pasta」這個字，所以不管哪種義大利麵都統一叫作「Spaghetti」，而且我心目中的口味就是肉醬或茄汁的拿坡里義大利麵。大概到我念高中的時候，才開始知道有哪些義式料理。

在日本，常看到有些搞不清楚什麼叫「彈牙」（al dente）的程度，結果煮到軟爛的麵條上，淋上像是勾芡的肉醬，或是用沙拉油和番茄醬炒得軟軟的麵，還有許多在義大利吃不到，日本人「發明」的義大利麵……我猜義大利人要是看到日本的肉醬麵跟拿坡里義大利麵都會生氣吧！

對了對了，當時的拿坡里義大利麵對我來說是「平常沒吃過的味道」。

爸爸還跟店員要了乳酪粉（不是真正的帕馬森乾酪，而是為了配合日本人口味調整過的「類帕馬森乾酪」）撒在上面，「撒了這個很好吃哦！」

雖說是配合日本人口味調整過，但這是我第一次吃到真正的天然乳酪（只吃過加工乳酪）帶點特殊的味道，覺得好好吃，心想：「不太確定義大利這個地方到底在哪裡，但義大利一定有很多好吃的東西！」

現在，吃義式料理已經成了家常便飯，也有很多機會吃到「到義大利學藝的廚師」或是「義大利籍廚師」做的菜。

回想起當年的味道，會覺得「其實那個根本不是義大利料理嘛」（笑），卻覺得又懷念、又美味，而且是笨拙的爸爸與我之間的寶貴回憶。

這款日式披薩雖然叫作拿坡里披薩，但在義大利可吃不到，是日本獨創的披薩口味。真正的拿坡里披薩，麵糰和烤製的方法都有嚴格的規定，看在義大利人眼裡，這只能稱為鹹麵包吧！

ナポリタン

拿坡里義大利麵

材料（2至3人份）

- 義大利麵　200公克（挑喜歡的種類就行，我推薦1.8至2公釐粗的）
- 橄欖油　1大匙
- 洋蔥　150公克
- 火腿　80公克
- 青椒　2小個（50公克）
- 蘑菇　5顆左右
- 大蒜　1瓣
- 番茄醬　80公克
- 紅酒　2大匙
- 伍斯特醬　0.5大匙
- 奶油　15公克

各式各樣的義大利麵

原則上用自己喜歡的義大利麵種類搭配喜歡的醬汁就可以。

不過，基本上還是有建議的搭配方式，簡單說明一下。

義大利麵無論長短，麵體愈細愈容易拌上醬汁，因此適合簡單的橄欖油、清爽的番茄醬汁或是蔬菜為主的配料。

相反的，比較粗的麵條適合搭配奶醬，或是用了乳酪跟肉類的茄汁這種濃郁厚重的醬汁。

事前準備

1 義大利麵用加了鹽的熱水依照包裝上指示的時間煮好撈起來，淋一點橄欖油（標示份量外，約1大匙），讓麵條不會黏在一起。
2 洋蔥對半縱切後，沿著纖維切成薄片。
3 火腿切成方便吃的小片（大約1×4公分）。
4 青椒也切成和火腿一樣大或略大的片狀。
5 蘑菇去柄，切成薄片或四分之一塊。
6 大蒜拍扁後切碎。

作法

1 在平底鍋裡倒入橄欖油，加入大蒜爆香。
2 放入洋蔥炒到透明後，加入蘑菇一起拌炒。
3 陸續加入火腿、青椒，所有材料炒軟之後加入番茄醬，炒到水分快收乾。這個步驟可以讓風味變得更香醇。
4 炒到鍋中材料變成紅色或稍帶褐色時加入紅酒，小心不要燒焦。最後加入伍斯特醬攪拌均勻。
5 把煮好的義大利麵放入步驟4，邊炒邊撥散。
6 將麵條和所有材料炒勻，起鍋前拌入奶油即完成。

茄汁雞翅腿

我家因為受到父親的影響，飲食多半以和食為主。當然，餐桌上不時也會出現洋食（漢堡排、蛋包飯這類）。不過，通常是爸爸出差不在家，或是因為招待客戶晚回家時，比較容易出現洋食。

我念高中的時候，爸爸受派調任到沖繩，這段期間家裡餐桌上出現洋食的頻率一下子變高了。

剛好也在那段期間，罐頭番茄在超市變得便宜而且普遍。連我家所在的千葉鄉下（靠近成田機場）住宅區附近的超市，也能看到一整排義大利進口的番茄罐頭。

那段時間經常會有姊姊或是我的朋友來家裡玩，平日晚餐時除了我們一家人，一定還會有其他人。

媽媽說：「年輕人一多，吃的也多，得準備一些夠份量的食物。比起和食，年輕人更喜歡洋食吧，但又不想做太麻煩的菜色，太難的菜我可不會做。」剛好那也是媽媽不斷嘗試各種簡單洋食菜色，一下子開發很多新菜單的時期。例如：焗烤南瓜、橙汁肋排這些菜。其中茄汁雞翅腿也是很受歡迎的一道（尤其女生都很愛）。

即使結婚之後離開娘家，現在家裡也經常會有先生公司的年輕同事來家裡玩（我很喜歡招呼一大群人來家裡熱鬧吃喝，這一點可能遺傳自媽媽吧）。茄汁雞翅腿做起來不難，又有飽足感，是我經常做的一道料理。這道菜要是用好看一點的鍋子來做，還可以連鍋子直接端上餐桌。把材料稍微煎一下，加入罐頭番茄，再要用小火慢燉就行了，之後就靠時間來成就美味。加一份沙拉，就是很棒的一餐。

小火慢燉之下，雞肉很容易跟骨頭分離，雞骨滲出的高湯也讓茄汁變得更加鮮美，讓人連醬汁都想吃光光。做多一點，隔天下一把義大利麵搭配醬汁吃也很棒。

這道菜很適合有小孩的家庭（小朋友都喜歡茄汁口味），帶骨雞肉感覺稍微豪華一點（但材料費其實真的很便宜），也很推薦用來招待賓客。

利用市售的整顆番茄罐頭自製番茄醬，常備家中，是很好用的食材。

recipe 28

茄汁雞翅腿

鶏手羽元のトマト煮

材料（4至5人份）

- 橄欖油　適量
- 蒜末　1至2瓣
- 洋蔥　½大顆（125至150公克，切薄片）
- 鴻禧菇　1包（80至100公克）
- 白酒　25毫升
- 雞翅腿　8至10根（約500公克，先撒點鹽、胡椒醃10分鐘）
- 整顆番茄罐頭　1罐
- 醬油　1.5大匙
  媽媽習慣用高湯塊，但我用醬油來增添鮮味。
  在我的食譜中盡可能不使用高湯塊。
- 鹽　約1.5小匙
- 蜂蜜　1至1.5小匙
  使用高湯塊的話，不加蜂蜜也夠鮮甜。
  但甜味會因為使用的番茄而不同，請自行調整。
- 黑胡椒　適量
- 切碎的荷蘭芹　適量
- 月桂葉或其他喜愛的香草　適量
  （也可依照個人喜好加點辣椒）

作法

1 平底鍋裡加入橄欖油及大蒜爆香（要吃辣的可以加入辣椒炒出辣味），加入洋蔥炒到軟之後，放入厚底鍋裡。

2 步驟1的平底鍋不用洗，直接加入鴻禧菇炒香後放進步驟1的厚底鍋。

3 用平底鍋將雞翅腿煎到表面上色，要是覺得快要燒焦就再加點橄欖油，淋一點白酒之後全部倒入厚底鍋。（到這裡平底鍋都不用洗。）

4 將整顆罐頭番茄加入鍋子裡，別浪費沾在罐頭裡的番茄渣，加一點水清洗後直接倒入鍋子裡。

5 等步驟4沸騰時加入調味料（醬油、鹽、蜂蜜）和喜愛的香草，接著用小火慢燉將近1小時。每個家庭的火火候與鍋子種類都有影響，如果這個狀態下雞肉還沒煮到軟嫩就繼續燉煮。

6 試一下味道做些調整後，就可以盛盤。我通常會撒點荷蘭芹末和黑胡椒。

tips

★這道菜我會一次做多一點，冷凍保存。

★燉煮時蓋上鍋蓋會讓肉比較快煮到軟爛，但如果想要湯汁收得乾一點，就把鍋蓋稍微打開，讓水分蒸散。

橙汁肋排

我小時候很不愛吃肉。尤其是豬肉，只要看到餐桌上出現炸豬排就好沮喪……

我都把外層的麵衣剝下來，只吃麵衣（肉就給姊姊吃）。說來慚愧，我小時候是個很挑食的孩子（當年壓根沒想過長大之後會從事飲食相關的工作吧）。直到進入中學之後，才開始慢慢喜歡吃東西，發覺原來肉類也很好吃嘛。

呃，差不多也從那時候開始體重逐漸增加……

那段時期我的身高一年長了十公分，好像連在睡覺的時候都在長，迅速抽高，衣服也穿不下，而且每天肚子都餓得不得了。

班上其他朋友都有喜歡的男生，開始講究起髮型，至於制服因為大家穿得都一樣，於是用盡心思希望看起來漂亮一點（實際上是不是真的好看就未必了）……不過，我只對吃有興趣。

吃完早餐，等不及到午休時間就吃起隨身攜帶的零食。

午飯吃得精光，下午放學之後還跟朋友去速食店吃炸雞，回到家晚餐照吃不誤，而且飯後還要來一塊蛋糕。

不管怎麼吃肚子還是很餓。那一陣子我經常央求媽媽做的就是這道菜。

豬肋排用柑橘醬燒得甜甜鹹鹹，好好吃。

用柑橘醬來代替砂糖，不但能讓肉質變得軟嫩，口味也更多層次（更好吃），而且還能讓肋排多了「光澤」，外觀上更美味。因此，光是將砂糖換成柑橘醬，手藝就精進了一些。

現在的小孩好像喜歡吃肉勝過吃魚，每個家庭的餐桌上多半都有肉類料理，但我娘家的餐桌上則是以魚類料理為主（現在也是）。

難得嘗到這樣甜甜鹹鹹的重口味，以及包覆著整塊肉的脂肪鮮美。回想起來，我第一次在家裡吃帶骨的豬肉大概就是這道菜吧。

這道堪稱正統肉類料理的豬肋排，真想配一大碗熱呼呼的白飯。因為是重口味，也很適合作為常備菜。

recipe 29

橙汁肋排

スペアリブのマーマレード煮

材料（3至4人份）

- 帶骨肋排　約800公克
- 調味料A
  - 柑橘果醬　100公克（75毫升）
  - 酒　75毫升
  - 醬油　75毫升
- 大蒜（依個人喜好）　1瓣

除了用柑橘醬調味，也可以利用搾果汁剩下的果泥煎肉排，水果中的酵素可以分解肉類的蛋白質，讓肉排很軟嫩。

作法

1 平底鍋裡抹點油（使用不沾鍋的話不事先抹油亦可），將肋排煎到表面稍微上色，把鍋子裡的油脂清掉。

用平底鍋煎，可以讓肋排煎到上色，讓食物看起來更美味，也可以清掉油脂。想加大蒜的話，可以在這時加入大蒜炒香。

2 將步驟1移到另一只鍋子裡，加入調味料A用小火燉煮，煮到肉軟爛時即完成，大約需1小時。

後記

花了五年以上的時間，終於完成這本書了。

真心感謝編輯、翻譯與出版社的大家，願意配合拖拖拉拉的我，給大家添了很多麻煩。

這本書寫的是關於我家的食事。

當初開始寫，是希望大家可以認識不是特別富裕，也不是特別摩登，而是再一般也不過的昭和家庭日常生活。

並且，希望大家可以用這本書的食譜為基礎，做出自己家的食譜。

不需要完全照著食譜做，因為食譜是活的！請盡量依照自己的喜好來變化。

如果有任何不明白的地方，請絕對不要放著不管，一定要提出疑問喔！（這是我每次教課時都會說的話。）

雖是私事，但在我寫書當的過程中，父親過世了。回想著與父親的記憶，都是一些一起吃飯的光景、父親第一次帶我去吃的餐廳、父親常吃的食物等，都是些與吃有關的回憶。

雖然有點誇張，但對我來說，人生就是吃啊～

生活方舟 030

是媽媽教我成為美食家

作者　佐藤敦子
譯者　葉韋利
攝影　秦亞矢子
食物造型　岡本明子
設計　mollychang.cagw.
特約編輯　王筱玲
企畫統籌　一起來合作
行銷經理　王思婕
總編輯　林淑雯

讀書共和國出版集團
社長　郭重興
發行人兼出版總監　曾大福
業務平臺總經理　李雪麗
業務平臺副總經理　李復民
實體通路協理　林詩富
網路暨海外通路協理　張鑫峰
特販通路協理　陳綺瑩
實體通路經理　陳志峰
印務部　江域平、黃禮賢、李孟儒、林文義

出版者　方舟文化／遠足文化事業股份有限公司
發行　遠足文化事業股份有限公司
地址｜231 台北縣新店市民權路108-2號9樓
電話｜（02）2218-1417
傳真｜（02）8667-1851
劃撥帳號｜19504465
戶名｜遠足文化事業有限公司
客服專線｜0800-221-029
E-MAIL｜service@bookrep.com.tw
網站｜www.bookrep.com.tw

法律顧問　華洋法律事務所 蘇文生律師

定價 420元
初版一刷 2021年3月
二版一刷 2025年1月

特別致謝　馬力@肚子料理工作室
Kitchen island 中島

國家圖書館出版品預行編目（CIP）資料
是媽媽教我成為美食家／佐藤敦子 著；葉韋利 譯
-- 二版 -- 新北市：方舟文化，遠足文化事業股份有限公司
2025.01，192面；17×21公分 --（生活方舟；4030）
ISBN 978-626-7596-41-8（平裝）　1.CST 食譜　427.1　113019255

RONDE
陶瓷便當盒
美感生活從帶便當開始
TOAST
在TOAST線上店鋪輸入優惠碼DOOZ
即可於日常用品區享有9折優惠（優惠數量有限，送完為止 / 不與其他折扣並用）
toastliving
www.toastliving.com
shop.toastliving.com

ママ、お腹すいた……

媽媽，我肚子餓……